反惰性
ANTI-INERTING

彭菲 编著

THINKING
思维

中国纺织出版社有限公司

内 容 提 要

人人都有懒惰的心理，这是人类的天性。只是有些人能克服自己的惰性，并能以勤奋代之，最终取得成功。要根除惰性，正如克服任何一种坏习惯，是件很困难的事情。但是只要你从反惰性思维开始，持之以恒形成行为"机制"，那么，灿烂的未来就是属于你的！

本书从日常生活中人们常见的一些惰性行为入手，帮助人们找到没有行动力的根本原因，告诉我们人的意志力是不可靠的，唯有依靠机制才能克服惰性心理和思维，内容涉及工作、学习、身心放松等方面。阅读本书，就能够彻底掌握启动做事行动力"机制"的秘密，翻开它，你就能获得改变！

图书在版编目（CIP）数据

反惰性思维 / 彭菲编著. ——北京：中国纺织出版社有限公司，2023.6
ISBN 978-7-5229-0188-6

Ⅰ.①反… Ⅱ.①彭… Ⅲ.①成功心理—通俗读物 Ⅳ.①B848.4-49

中国版本图书馆CIP数据核字（2022）第247698号

责任编辑：邢雅鑫　　责任校对：高　涵　　责任印制：储志伟

中国纺织出版社有限公司出版发行
地址：北京市朝阳区百子湾东里A407号楼　邮政编码：100124
销售电话：010—67004422　传真：010—87155801
http://www.c-textilep.com
中国纺织出版社天猫旗舰店
官方微博 http://weibo.com/2119887771
天津千鹤文化传播有限公司印刷　各地新华书店经销
2023年6月第1版第1次印刷
开本：880×1230　1/32　印张：6
字数：92千字　定价：49.80元

凡购本书，如有缺页、倒页、脱页，由本社图书营销中心调换

前言

下面的场景你是否会感同身受：

老板交代的工作报告，一拖再拖，直到老板发火了你才不情不愿地开始；早晨闹钟响了几次，你还赖在床上；眼看上班就要迟到了，你才慢吞吞起床；总想着瘦身，却总是对健身房又爱又怕；追剧、上网打游戏时你可以"废寝忘食"；嗜睡，一天要睡十小时……

这些状态或多或少都会出现在我们身上，这些现象背后有着类似的心理动机——懒惰。曾经有人说："懒惰是最大的罪恶，上帝永远保佑那些起得最早的人。"懒惰是现代社会中很多人共同的缺点，他们总是为自己的懒惰找借口，正是因为如此，他们最终也丧失了很多通往成功的机会。因为人的一生可以有所作为的时机只有一次，那就是现在。一个人只有坚持"不找借口找方法"的信念，才能对自己的事业有热情，不管遇到什么事，都能以解决办法代替借口。

面对惰性行为，有的人浑浑噩噩，意识不到这是懒惰；有的人寄希望于明日，总是幻想美好的未来；而更多的人虽极想克服这种行为，却因不知道如何下手而得过且过，日复

○ 反惰性思维

一日。实际上,只有那些能与惰性作斗争并最终克服惰性的人,才与成功有缘。

也许有人会说,我还年轻,有大把的时间,但你可能没有意识到的是,如果你不持续奋进、学习,就无法使自己适应急剧变化的时代,就会有被淘汰的危险。只有克服懒惰并能不断奋进,一切才会随之而来。

不过,正如克服任何一种坏习惯一样,克服懒惰,是件很困难的事情。但是只要你决心与懒惰分手,在实际的生活学习中持之以恒,那么,灿烂的未来就是属于你的!

为什么人们始终无法戒掉懒惰?大概是人们太高估自己的意志力了。实际上,无论是工作、学习还是兴趣爱好,想要在某一方面取得成绩,纯靠意志力是靠不住的。人是不可能依靠意志力来做成某事的。换句话说,那些被称为成功者的人,能够朝着一个目标不断努力的人以及能够坚持不懈的人,他们都拥有做事的"机制"。那么,我们该如何获得勤奋的行为"机制"呢?

这就是我们编写本书的目的,本书带领我们认识惰性思维的真实面目,并且告诉我们如何运用"机制"停止拖延,克服懒惰,消除不良行为,帮助读者建立积极主动的思维方式,早日实现人生目标。

编著者

目录

第 01 章 CHAPTER1 | 惰性思维：你的懒惰来源于想得多、做得少 ▶▶ 001

懒惰习惯的形成过程	003
光想不做不会有好的结果	008
抛开一切借口，不妨先行动	013
懒惰不会获得永远的安逸	017
"没时间"是懒惰者的口头禅	023
改正懒惰习惯的第一步是调整思维	028
你每天花多少时间在手机上	032

第 02 章 CHAPTER2 | 反惰性，从一个元气满满的清晨开始 ▶▶ 037

一日之计在于晨，反惰性从利用好每个早晨开始	039
晨起就开始做好每日规划	044
保持充足睡眠，防止晨起困倦	048
拒绝赖床，闹钟响起时就一鼓作气爬起来	052
冲一个热水澡，迅速消除起床后的困倦	056

第 03 章 CHAPTER3 | 工作中，这样着手让你克服懒惰、拒绝拖延
▶▶ 059

改变工作态度，激发你的奋斗激情　　　　　　　061
职场倦怠，如何突破　　　　　　　　　　　　　066
职场人士克服惰性行为的五个步骤　　　　　　　071
善用备忘录来提醒自己的工作　　　　　　　　　075
GTD 工作法：助你创造最大的工作价值　　　　　079
番茄工作法：将重要的工作放在精力充沛时做　　084
收拾你的办公桌，干净整洁的环境提升工作效率　088
多做些事，勤快点其实不吃亏　　　　　　　　　092

第 04 章 CHAPTER4 | 学习时，这样做让你进入如饥似渴的求知状态
▶▶ 097

动机建设：你为什么要学习　　　　　　　　　　099
普瑞马法则——如何对抗学习中的惰性　　　　　104
别浪费一分一秒——如何利用零散时间学习　　　108
饭吃八分饱，防止学习时困倦　　　　　　　　　112
拒绝沉溺网络游戏，集中精力学习　　　　　　　115
根据自己大脑活动的规律安排学习　　　　　　　120
找到自己的最佳学习时间，并充分地利用它　　　124

第 05 章 CHAPTER5 | 犯懒时，这样做让你的身体迅速动起来 ▶▶ 129

了解运动的好处，激发运动的动力	131
别找借口了，你可以随时随地运动	136
减肥靠的是意志力	140
训练出运动员般的心理素质，坚持体育锻炼	145
约朋友一起跑步锻炼，互相监督激发潜能	150

第 06 章 CHAPTER6 | 疲劳时，如此放松让你迅速满血复活 ▶▶ 155

累了，就好好睡一觉	157
每天 5 分钟"绿色运动"为心理健康加分	161
享受你的假期，别周末连轴转	166
合理安排，留出充裕的时间享受生活	171
30 分钟的午休能获得即时能量	175
掌握随时随地放松自己的小技巧	179

参考文献   **184**

第01章

惰性思维：你的懒惰来源于想得多、做得少

心理学家认为，思维指导行动，对懒惰者来说，想得多、做得少这种惰性思维是导致惰性行为的根源，他们总认为"晚点做也可以""现在还早""没时间"……然而，这只是一种自欺欺人的心理，无论如何，我们自身的工作与学习还需要我们自己来完成，受益人也是我们自己。事实上，如果一个人能克服自身的惰性，他的人生就成功一半了。虽然惰性是人的天性，但我们要消除惰性，有时只需要一个念头，一旦赶走懒惰，便能主宰自己的人生，提高自己的人生质量。

第01章 惰性思维：你的懒惰来源于想得多、做得少

懒惰习惯的形成过程

在生活中，我们常常会看到，有的人懒得梳洗打扮，一副懒散邋遢的样子；有的人懒得收拾自己房间，家里乱得像垃圾站；有的人不上进，懒得读书学习，在工作上不思进取；有的孩子生活上懒得洗澡、刷牙，学习上懒得写字、做作业。

对这类懒惰的人来说，他们无论做什么都无精打采，他们不想打理自己，也不想投入学习和工作中，有时候连和亲朋好友打交道也不愿意。久而久之，他们会逐渐习惯这种生活方式，总是被生活中的事件牵着鼻子走，被动地接受安排，失去了主导自己生活的能力。

心理学家指出，"惰性心理"是有惯性的，一旦你习惯用逃避的方式应对事件，这种思维就会根深蒂固，很多时候，你自己都没有意识到，便做出这样的选择了。

那你知道人为什么会懒惰吗？人懒惰的原因是多方面的。

首先，懒惰由长期的习惯导致。常言道，习惯成自然。想养成一个好习惯很难，但养成一个坏习惯却很容易。如果

第一次偷懒感到了快乐，下一次就还想偷懒。偷懒几次就成了习惯。

其次，懒惰习惯的形成是自制力差的结果。自制力强的人，能够通过各种方式克服天性中的惰性。而自制力差的人就无法做到这一点，因此就变得越来越懒了。

最后，身心疾病引起的身体疲倦、心理疲倦也会让人懒惰，比如患有精神类疾病的人，大脑受到刺激，服用了抑制类的药物，这些人会身心疲倦，也会形成懒惰的习惯。

另外，我们必须知道，反复的失败容易让人产生习得性无助心理，沉浸于消极、悲观的状态中，无法再次克服困难。

对懒惰的人而言，虽说当下的懒惰会让他们感觉好受一些，但是，这种回避行为是要付出代价的，终有一刻，他们会面临更大的困难，承受更大的心理负担。

拖沓、懒散的生活和工作态度，对许多人来说已经是一种常态，要想有所成就，我们就应该克服惰性，努力让自己变得勤勉起来。

的确，"业精于勤，荒于嬉；行成于思，毁于随。"学业由于勤奋而精通，却会荒废在嬉笑声中，事情因为反复思考而成功，却能毁灭于随随便便。任何人，即使是天才，如果不克服懒惰、做事拖延，最终也会变成一个懒汉。

第01章 惰性思维：你的懒惰来源于想得多、做得少

人的一生，短短数十载，时间是有限的。如果我们浪费时间，在工作和生活中总是拖拖拉拉，那最终只能白白浪费生命。假如我们能充分利用自己的时间和精力，勤奋做事，那么，我们绝对可以做出更有价值的事情来。

懒惰总是和拖延狼狈为奸。曾有人问一个懒惰的人："你一天的活儿为什么干不完？"这个人回答说："没办法，我得先把昨天的活儿干完。"这就是惰性使然。其实，懒惰的人何止是把昨天的活儿拿到今天来干，那些懒惰的人总是有这样的行为：把不愉快或成为负担的事情抛诸脑后，或者推迟做。

生活中的你如果是一个懒惰的人，那么你大部分时间都会被浪费掉，无所事事，做起事情来担心这个担心那个，或者找借口推迟行动，结果往往错失了机会和灵感，到了最后，你只能去羡慕那些因为勤奋而获得财富的人。

懒惰心理对一个人的影响是深远的、难以逆转的，远远超过了贪图吃喝的危害，因此，我们要避免做一个懒惰的人。

懒惰体现在两个方面，懒惰的思维和懒惰的行为。可以说，懒惰不仅是一个人成功的大敌，它还是我们不良情绪的源头。在充满困难与挫折的人生道路上，懒惰的人过着极为单调的生活，在他们的生活里，只习惯于等、靠、要，从来不想发现、拼搏、创造，最终，他们不仅错过了多姿多彩的生活，而

且一事无成。

总之，一个人成就的大小取决于他做事情的习惯，克服惰性是成功的一个重要前提。我们要想完成既定目标，取得成功，就应该培养勤勉的习惯。一旦养成了这个习惯，"完成目标，马上行动"就会自然而然地发生。

那么，光想不做的惰性思维是如何产生的呢？

1.潜在的恐惧心理

许多恐惧是我们没有意识到的，有的人明明对一些事情充满恐惧，却不清楚自己到底在害怕什么；有的人声称自己并不害怕，但他却一直在逃避某些事情，这些就是潜在的恐惧心理。有的人越是逃避，越是害怕，为了逃避，只能拖延，比如害怕繁重的工作，就不想起床，被畏难情绪支配着。

2.作息时间混乱

通常懒惰者的作息时间表都是混乱不堪的，他们有时盲目乐观地估计自己的能力，想在睡前加班将工作完成，事实上根本不清楚自己是否能顺利完成；他们恐惧确切的时间，总是等到主管催了一次又一次，才交上自己的工作任务；他们没有具体的规划，根本不知道自己完成一件事情需要多久，也没办法说出自己的具体计划，他们总是想捍卫自己的自由，甚至想逃避时间的控制。

3.对最后期限的恐惧

有惰性思维的行为与心理的矛盾表现为：一方面，他们害怕时间不够用，担心没有时间；另一方面，他们不到最后一刻决不采取行动，几乎很少提前开始行动。哪怕是提前开始行动，他们也没办法坚持下去。对大部分有惰性思维的人而言，他们的心路历程就是这样。

4.追求完美，犹豫不决

有的人喜欢追求完美，他们在做一件事情的时候，总是犹豫不决，改来改去，临到紧急关头也拿不定主意，无法做出决断。这些问题导致他们对自己应当做的事情一拖再拖。

你是否有这样的表现呢？今天的事拖到明天做，六点钟起床拖到七点再起，上午该打的电话等到下午再打，每天要写的文章攒到最后时刻写，今天要洗的衣服拖到明天再洗，这个月该拜访的朋友拖到下个月。如果你有这些表现，那么很明显，你有惰性思维，应该立刻改掉这个坏习惯。

○ 反惰性思维

光想不做不会有好的结果

在现实生活中，我们不难发现一个现象，很多成功人士并不是高学历者，那些高学历者也并不一定能成功，这是为什么呢？其实，这与他们对待梦想的态度和行为不无关系。低学历者更注重实践，为了目标，他们制订好计划，然后一步一个脚印地努力，而一些高学历者则太过注重理论知识，他们在行动前会幻想太多，而行动力不足，这种现象在社会上十分普遍，我们并不是说这是一种必然，但从一个侧面可以看到，光想不做是不会有好的结果的。

对生活中那些有惰性思维的人来说，他们更喜欢沉浸在自己的幻想中，他们常常在头脑中构造出成百上千个想法，为了保证自己的想法万无一失，他们还会想出诸多应急计划，但可悲的是，他们还是没有成功，因为他们被自己的惰性思维打败了，并没有将想法付诸行动。

有一位美丽的女士怀孕了，无聊的她想打发时间，于是

第01章 惰性思维：你的懒惰来源于想得多、做得少

买来一些漂亮的毛线，想着给未出世的孩子织一件衣服，可是她却迟迟没动手，总是懒懒地躺在床上，每当她想到那些毛线时，总是告诉自己："还是先吃点东西，看看电视，等会儿再说吧。"可是等她吃完东西、看完电视以后，她发现天已经黑了，于是，她会说："晚上开着灯织毛衣对孕妇的眼睛不好，还是明天再织吧。"到第二天，她还是用同样的借口拖延。

她的丈夫是个贴心的好男人，他心疼妻子，就并未催促她，她的婆婆看到那些被放到柜子里的毛线，本想替她织，她却坚决要自己为孩子织毛衣，她还心想，如果是个女儿，一定要织个漂亮的毛裙，如果是个男孩，就织一件毛裤。但随着肚子越来越大，她越来越不想动，后来，她告诉自己，要不就等孩子生出来再织也行。

时间过得飞快，孩子出生了，是个漂亮的小姑娘，带孩子成了她主要的工作，孩子渐渐长大，很快就到一岁了，可是那件毛裙还没开始织，后来，她发现，这些毛线已经不够给孩子织裙子了。于是打算只给孩子织一个毛背心，不过打算归打算，动手的日子却被一拖再拖。当孩子两岁时，毛背心还没有织。当孩子三岁时，她想，也许那团毛线只够给孩子织一条围巾了，可是围巾也始终没有织成……渐渐地，她已经想不起来

反惰性思维

这些毛线了。后来孩子上小学了，一天孩子在翻找东西时，发现了这些毛线。孩子说毛线真好看，可惜被虫子蛀蚀了，便问妈妈这些毛线是干什么用的。此时这位女士才想起自己曾经憧憬的那件漂亮的、带有卡通图案的毛裙。

虽然这只是生活中的一个小故事，却告诉我们一个道理，那些有惰性思维的人，多半都是思想的巨人、行动的矮子，他们想得多、做得少，而且，他们还总是会为自己寻找各种借口。可见，要克服惰性思维，首先就要抛弃过度思考的习惯，如果不下定决心现在就采取行动，那事情永远不会完成。

同样，对生活中的人们来说，从现在开始，你就得放下空想，给自己设定一个详细的人生目标，并从自身条件出发去为之奋斗。只要你这么想了，也这么做了，那么你的人生最终就是成功的。否则，你永远只能"做梦"，而无法实现"梦想"。

1837年，电报机发明成功，在84年之后，也就是1921年，《纽约时报》有一篇文章谈到了电报对信息传播的重大作用。有一些人从这一报道中嗅到了商机，他们认为，如果有这样一份刊物，能从连篇累牍的信息中摘取重要信息给读者，那么，一定能受到大家欢迎。但当他们向邮局申请发行时，邮局给出的答案是他们还从未发行过这类刊物，目前条件不成熟，还要等一等。绝大多数申请者就只好等等再说。

这十几人中有一位叫华莱士的青年却毫不犹豫，他想：你邮局不发行，我可以自办发行呀。他没有等待，而是将订单装入2000个信封中，从邮局发往各地。

就这样，这位青年创办了当时还十分新奇的文摘刊物，一下子拥有了不少的读者，而且市场越来越广阔，这就是有名的《读者文摘》。到了2002年，这本刊物已成为了世界性的刊物。它有19种文字出版，发行到127个国家，年收入达5亿多美元。

所以，不要怕实践你的梦想，不要因为恐惧而裹足不前，不要当生命走到尽头时，才恍然大悟到原来你本可能有机会实现梦想，只是，你放弃了。有了梦想就不要空想，不妨勇敢地去实践，不要在意别人的嘲笑。如果没有勇气去大胆地尝试，你永远都不会知道自己的潜力有多大！

"空谈误国，实干兴邦"。大到国家，小到个人，万事万物都得由细微处积累变化。或许你现在做着看似与梦想无关、没有前景的工作。但我们要坚信，事物发展的道路是迂回曲折式前进的，巴斯德说过："机会只偏爱那些有准备的人"。成功的秘诀在于着手去做。现在就采取行动，决不拖延，行动高于一切！把握当下，心动不如行动。

"一切用行动说话"，这是我们每个人应该记住的，只有想法是不够的，想法必须付诸行动，如果没有行动，那想法永远只是空想，只是空中楼阁，海市蜃楼，遥不可及。

也许现在的你也有很多梦想，你可能希望自己能成为一个著名企业家、一名人民教师、歌唱家等，但无论如何，你要知道，理想不同于妄想和幻想，目标要切实可行，行动要脚踏实地。这样，你就离你的梦想不远了。

因此，不管你的梦想多么高远，先做触手可及的小事。梦想是一个大目标，你需要做的是完成每天的小目标，这样，你就朝大目标进了一步，每进一步，你就会增加一份快乐、热忱与自信，你就会消除一份恐惧，你就会更踏实，就会从积极的思考进展成为积极的领悟，那么，就没有一件事情可以阻挡得了你。

抛开一切借口，不妨先行动

有人说，自己是一座宝藏，挖掘得越深，获得的越多。也有人说，自己是一匹奔腾的野马，重要的不是学会怎样提速，而是控制自己，其中就包括要控制自己的缺点。

惰性是人的常见缺点，惰性思维常常使计划落空，人在计划落空时又很容易接着做新的计划，新计划其实是旧计划的翻版。结果就是，一项计划翻来覆去总没有结果。这是十分悲哀的事情。要想成就一番事业必须雷厉风行，要有一种魄力，说干就干，一点也不拖延。这是成就事业的一种品格。

朗费罗说："我们命定的目标和道路，不是享乐，也不是受苦，而是行动。"胸有壮志宏图，但若不能付诸实施，结果只能是纸上谈兵，毫无实际意义。

懒惰是一种坏习惯，它会让人在不知不觉中丧失进取心，阻碍计划的实施。一个人如果陷入懒惰状态，就会像一台受到病毒攻击的计算机，效率极低。懒惰者最常见的行为表现就是行为懒散、找借口推迟行动。虽然目标已经确立了，却磨

反惰性思维

磨蹭蹭，像个生病的羔羊，没有一点精神。不论什么时候，他总能找到借口不去做，计划当然就会一拖再拖，成功却遥遥无期。

安尼是一名销售员，他为自己制订了一个完整的销售方案。第一天到公司上班的时候，他没有去做销售工作，而是在办公室里听歌，他觉得他的销售方案太完美了，不用那么急着去做工作。第二天他仍然没有去做销售，他对自己说，我是学营销专业的，销售对我来说太简单了，不用急。结果一个月过去了，他没有一点销售业绩，老板只好把他开除了。但是老板很惋惜，因为安尼的销售方案确实非常完美，只是他没有去执行。

对一个公司的管理层来说，如果被惰性控制，迟迟不执行计划，可能会给工作造成严重损失，1989年3月24日，埃克森公司的一艘巨型油轮触礁，大量原油泄漏，给生态环境造成了巨大破坏。但埃克森公司却迟迟没有做出外界所期待的反应，以致引发了一场"反埃克森运动"，甚至惊动了当时的总统布什。最后，埃克森公司总损失达几亿美元，企业形象严重受损。

同样，对个人来说，如果懒惰成性，也会造成灾难性后果。对一个渴望成功的人来说，懒惰将成为制约他取得成功的桎梏。在公司，没有一个老板喜欢有懒惰习惯的员工，在家里，没有一个妻子喜欢有懒惰习惯的丈夫。

社会学家卢因曾经提出一个概念，叫"力场分析"。他描述了两种力量：阻力和动力。他说，有些人一生都踩着刹车前进，被懒惰、拖延、害怕等消极的想法捆住手脚；有的人则是一直踩着油门呼啸前进，始终保持积极、合理和自信的心态。

刚开始，哈里仅仅是一名美国海岸警卫队的厨师。偶然的一个机会，他为同事代劳了写情书这件事，然后他开始逐渐喜欢上文字写作。

有了浓厚的兴趣，哈里开始给自己制订目标：花1~3年的时间写一本长篇小说。说干就干，他马上行动起来，每天不间断地写东西，不知道疲倦。他把写好的文章寄发给各大杂志报社，希望能够得到编辑的认可。

八年之后，哈里的一篇仅有600字的作品终于在杂志上刊登了。然而，他并没有灰心丧气，而是希望能在写作这件事上坚持到底。工作退休后，他每天坚持写作，稿费很少，他的欠

反惰性思维

款却越来越多。虽然这样，哈里依旧怀揣着当初喜欢写作的心情，朋友们表示不理解，纷纷劝导他："请忘掉作家梦吧。"甚至还帮他介绍了一份工作。不过哈里却说："我需要不停地写作，因为我依然喜欢，且我想成为一名真正的作家。"

又过了四年，哈里的小说《根》终于面世，在当时引起了巨大轰动，光是在美国就发行了530万册。后来，这部小说还被改编为电视剧，有超过1.3亿的观众看过这部电视剧，在当时创下了电视剧收视率的历史最高纪录。

哈里终于成为了著名作家，不仅收入超过500万美元，而且还获得了普利策奖。

所以，有了目标后，最重要的就是放弃一切借口，立刻付诸行动，并且坚持到底。千里之行始于足下，就是要求我们行动起来，把心中的梦想通过行动变成美好的现实。如果只是因为自己有一个美好的梦想就沾沾自喜，而忘记了行动的力量，那么无论天上的星星有多么漂亮，你也不能够把它捧在手中，无论对岸的风景有多么诱人，你也不能够亲眼看到，无论海中的贝壳有多么美丽，你也不能够把它挂在你的胸前。

第01章 惰性思维：你的懒惰来源于想得多、做得少

懒惰不会获得永远的安逸

拒绝懒惰，努力才有可能成功。在生活中，很多人对未来有美好的期待，但就是拒绝付出努力。那些懒惰的人实际上就是在否定自己，把自己的生命价值一点点变得虚无。懒惰作为一种不良习惯，浪费掉的是拯救自己的机会，这是比任何东西都宝贵的。懒惰是理想的绊脚石，每个人的生命和时间是有限的，有多少时间可供我们因为懒惰而浪费掉呢？

在现实生活中，有许多人贪图安逸不愿意吃苦受累，时间长了，就变得懒惰了。懒惰是生活中最大的敌人，许多悲剧都是懒惰造成的。命运的好坏完全取决于自己，假如我们选择了勤劳，那我们通过努力一定可以得到幸福；假如你选择了懒惰，那将终身和不幸、厄运、灾难成为伙伴，你将永远是一个失败者。

在美国底特律，有位叫珍妮的妇人，她原本很懒惰。后来，在一次意外中，她的丈夫不幸去世了，自此，家中的所有

○ 反惰性思维

经济负担都落在了她一个人的身上。她不仅要付房租，而且要抚养两个子女。

于是，她不得不去为别人做家务。她白天把子女送去上学后，便利用下午时间替别人料理家务。晚上，子女们做功课，她还要做一些杂务。就这样，懒惰的习惯渐渐被克服了。

后来，她发现许多现代妇女外出工作，无暇整理家务，于是她灵机一动，花了7美元买来清洁用品和印刷传单，为所有需要服务的家庭整理琐碎家务。这项工作需要她付出很大的精力与辛劳，她把料理家务的工作变成了专一技能，后来甚至连大名鼎鼎的麦当劳快餐店也找她代劳整理清洁事物。

现在她已经是美国90家家庭服务公司的老板，分公司遍布美国多个州，雇用的工人多达8万人。

珍妮成功的事例告诉我们，人们的贫穷大多是懒惰、贪图安逸、不愿意奋斗造成的。假如一个人不愿意奋斗，自甘过着贫穷的生活，那他就永远无法摆脱困境，谁都没办法拯救他。

有这样一句话："世界上能登上金字塔顶的生物只有两种：一种是鹰，一种是蜗牛。不管是天资奇佳的鹰，还是资质平庸的蜗牛，能登上塔尖，极目四望，俯视万里，都离不开两个字——努力。"若是缺少了勤奋的精神，即便是天资奇佳的雄鹰也只能空振双翅，而若是勤奋努力，即便是行动十分缓慢的蜗牛也可以俯瞰世界。靠着自己的双手去生活，远比依赖别人要踏实得多。

曾经有这样一个富翁的故事：

这是一位乐善好施的富翁，在当地很有名，他总是将自己的钱财、物品捐给穷人，事实上，他不但没有因为救济他人而变得贫穷，反而更富有了。

他的生活并不奢侈，但是也不过分节俭。那么，他为什么会如此富有呢？他童年和少年时代的一些朋友发出了这样的感慨："你比我们幸运多了，我们小时候的境况差不多，但现在的你是一名大富翁，而我们却只能勉强糊口。你锦衣玉食，而我们却粗茶淡饭，如果我们能和你一样该有多好。"

他们不禁问道："小时候，我们都师从同一位老师，我们学习同样的内容，玩同样的游戏，那个时候的你也没见得有多出众，我们都是同等的平民，现在的你是亿万富翁，我们还是在为生活奔波，这是为什么呢？我们也了解你，你做事不比我们聪明，不比我们忠实，那么，你为什么那么好命呢？"

这位富翁这样回答："因为勤奋。勤奋是致富的原则，

● 反惰性思维

不知道大家还记不记得,在古老的《财箴》中有这样一句话:'财富像一棵大树,它是从一粒小小的种子发育而成的。金钱就是种子,你越勤奋栽培它,它就长得越快。'"

的确,命运青睐那些勤奋的人,会带给他们财富、荣誉,而对于那些懒惰的人,则不会赠送任何礼物。勤奋的人崇尚工作,他们讨厌那些无所事事的人,他们认为那样无异于折磨自己,让自己忙碌起来、努力赚钱才是他们喜欢的状态。也正是因为有了勤奋的品质,才成就了他们的成功。

不得不说,在这个世界上,有太多懒惰的人,他们不思进取,总想着天上掉馅饼的事情发生在自己身上,最终却被懒惰毁了一生。俗话说:"早起的鸟儿有虫吃。"只要勤奋,就一定会拼搏出属于自己的一片天空。以下是我们要记住的几点反惰性思维的要素:

1.养成良好的作息习惯

养成良好的作息习惯,早睡早起,作息规律。赖床是懒惰之本,这一点自不必说。最经典的办法就是利用闹钟。时下有很多创意闹钟,绝对有办法让你起床。

2.多运动

多运动,锻炼身体。懒人多肥胖,对胖人来说,懒与不运动绝对是"对等"关系。另外,规律的身体锻炼除了可以让人拥有健康的体魄,更能使人保持旺盛的精力,从而与懒惰说不。

3.制订时间计划

懒人都有拖拉的习惯,往往抱着"明日复明日,明日何其多"的想法。制订详细的计划,将时间规定好,把事件细分化,例如,规定一个小时内或半个小时内完成某项任务,或者把一件复杂的事情分开几步完成,既提高了效率,又很好地克服了懒惰的心理。

4.积极暗示

懒惰的人中有一些是因为性格内向、不自信等心理因素,从不爱、不敢与人接触交流,慢慢发展成习惯性地懒得参加社交活动。可以在房间布置名言警句,给予自己积极的心理暗示。

5.需要监督

懒惰的人大多是因为缺乏自律而懒惰,即便做好了计划,没有持续执行的能力还是无法改掉懒惰的毛病,这时可以让家人、同学、朋友、同事等监督自己执行。

6.换个环境

有条件的话尝试换个生活环境或打破原有的生活规律。

● 反惰性思维

刚上学的孩子为什么懒得上作文补习班,却对上游泳班很积极?外出旅行时为什么都能早起?主要还是由于周围的环境发生了改变。

"没时间"是懒惰者的口头禅

如果你的身边有很多懒惰的人,只要细心寻找,就会发现,他们总是有这样那样的拖延借口,借口成了一面挡箭牌,一旦某件事没完成,他们总能找出一些冠冕堂皇的借口,以换得他人的理解和原谅。其中,他们最为常见的借口是:"没时间。"

相信在你的周围,这样的对话已经屡见不鲜:

"小李,我交给你的任务进展如何?"面对领导的问题,他的回答一般是这样的:"着手在做了,只是最近太忙了,真的没时间,我还得处理其他好几个工作。"或者"真不好意思,我还没开始呢,最近真的没时间,你知道我还得做……"

"小王,你去帮我查一下李先生最近什么时候有空,帮我约一下他,有项业务要谈。""对不起主管,我手头事情太多了,没时间,你找小张吧。"

也许"没时间"是我们最容易说出口的借口,也最容易

○ 反惰性思维

被人理解，然而，不知你是否意识到，你没时间，只能说明你工作效率低、工作不称职，如果你实在做不好，总有人会代替你。所以，任何一位领导在这样的情况下都会告诉你："别说没时间，时间都是'挤'出来的"，所以，还是想想怎么在不找借口的情况下努力提高你的执行力吧！

事实上，除了职场以外，我们做任何事，都要学会合理规划，充分利用一点一滴的时间。先来看看下面的故事：

小周是某大型企业的一名员工。高考失利后，他失去了读大学的机会，18岁的他进了如今所在的这家企业。因为学历的原因，他只能从事最简单的产品装配的工作，但他不甘心止步于此，于是利用上班之余的时间，拿起了书本，自学了很多与该产品有关的知识，并自考了一些其他课程。

转眼，小周已经工作5年了。这家企业每5年会举办一个大型的青年知识大奖赛，参加比赛的人多半是高学历的人，但小周还是报名了。他的参赛作品是关于公司生产部门的流程改造图。公司高层一见到这幅图，就惊呆了，一个生产流水线上的工人怎么可能会制作出如此让人惊叹的图呢？于是，他们找来小周，就图纸进行了一番理论讨论，他的说明，让在座的领导们都瞠目结舌。

"我看了你的简历,你只不过是个高中毕业生啊,怎么会……"

"是这样的……"

听完小周的叙述,众领导一致表示:"单位的员工要是都有你这样的学习精神,该有多好。"

很快,小周就收到通知,他被升为了技术主管,负责他所提出的这一项目的改造工程。

在这则职场故事中,我们见证了一个普通员工的升职过程。员工小周之所以会被领导赏识,在众人中脱颖而出,就在于他能利用空余的时间不断学习、不断完善自己的知识结构,充实了原本知识不足的自己。

日本女作家吉本芭娜娜出版了四十本小说和近三十本随笔集,《鲤》杂志曾采访过她:"许多女人生了小孩之后就没有闲暇时间了,您现在有了孩子,如何还能抽出时间来写作呢?"吉本芭娜娜说:"确实没什么时间,但是我一直在拼命。为了争取多一点的写作时间,我每天都在与时间赛跑,你能想象吗?最夸张的时候,我几乎是站着吃饭。"估计许多年轻人看到这里会感到羞愧吧,比起吉本芭娜娜,许多人总是感慨自己时间不够、事情做不完,却从来不反思自己是否是因为

○ 反惰性思维

惰性而浪费了时间。

可见，我们应该把握好每分每秒，要学会从忙碌的生活中挤出时间来充实自己，那么，现在就勇敢地迈出第一步吧。为此，你需要记住：

1.没时间，是因为你浪费了时间

忙和没时间是最烂的借口，因为时间对每个人都是公平的，你之所以抱怨没时间，不过是因为你在其他事情上浪费了时间。

2.要克服懒惰，选择行动

一个人之所以懒惰，并不是因为能力的不足和信心的缺失，而是因为平时养成了马虎大意、拖延的习惯，以及对事情敷衍不负责的态度。要珍惜时间，首先就要改变态度，以诚实的态度，付出积极和扎实的努力，只有这样，才能真正将每一件事做好。

3.强化执行，勤奋起来

良好习惯的形成，是严格训练、反复强化的结果。著名教育家叶圣陶先生也认为，要养成某种好习惯，要随时随地加以注意，身体力行、躬行实践，才能"习惯成自然"，收到较好的效果。我们在改变拖延习惯的过程中，也一定要严格要求自己，决不允许自己有怠惰的行为。

第01章 惰性思维：你的懒惰来源于想得多、做得少

美国著名数学家维纳，在回忆父亲对他早期学习习惯的严格训练时说："代数对我来说没有什么困难，可父亲的教学方法，使我们精神不得安宁，每个错误都必须纠正。他对我无意中犯的错误，第一次是警告，是一声尖锐而响亮的'什么'，如果我不马上纠正，他就会严厉地训斥我一顿，命令我'再做一遍'。我曾遇到不止一个能干的人，可是他们到后来一事无成。因为这些人学习松懈，得不到严格纪律的约束。我从父亲那里得到的正是这种严厉的纪律训练。"父亲严格的训练，使维纳养成了良好的学习习惯，成为誉满全球的科学巨人。

这里，维纳严谨的学习习惯，就是来自父亲严厉的教导。当然，好习惯的养成，并非一朝一夕之事；而要想改正某种不良习惯，也常常需要一段时间，因此，我们不必操之过急。

总之，你若希望拥有一个成功的人生，就必须养成良好的、善用时间的习惯。就像鲁迅先生所说的："时间就像海绵里的水，只要愿挤，总还是有的。"时间有限，如果你不好好利用，最后留给你自己的，就只有悔恨。

● 反惰性思维

改正懒惰习惯的第一步是调整思维

现代社会，很多人尤其是年轻人，都有懒惰的行为习惯，他们什么都懒得去做，总是邋里邋遢、行为拖沓，他们害怕接受任务，做事能拖就拖，经常是到最后一刻才去执行。懒惰的习惯会影响我们做事的效率，无论是在职场上还是在学习上，会给别人留下懒散的印象。那么，如何克服这样的坏习惯呢？

我们都知道，人的思维指导行动，对懒惰者来说，他们之所以做事懒散、行动拖拉，多数情况是惰性思维导致的。在他们内心，常常有这样的声音："再等会儿去做也没关系。""大家都还没动手呢，我不必着急。""太难了，实在找不到解决办法。"很明显，这些都是惰性思维的表现，给我们的行动带来的是负面的暗示作用。

如果你经常为自己的懒惰行为找借口，那么很可能是因为惰性思维的影响。你首先要做的就是消除惰性思维。我们在做事的过程中，总是会遇到一些困难，此时，我们需要调节和控制自己的心态，鼓励自己能做到，这样可以给自己充足的精神动力。我们先来看看一位推销员是怎么做事的：

"我认为所谓的自我管理，首先就是苛求自己。我把一个星期的工作计划分为上午和下午两部分，把要走访的地方分为6等份。星期一走访葛饰区立石路的1到100号街，星期二走访第101到200号街，星期三……这样一个星期结束以后，就转完了我所负责的整个地段。我把这种做法一直作为绝对的、至高无上的命令来执行。所谓硬闯和推销管理工作，我都安排在每天下午去搞。上午专搞接洽生意或类似接洽生意的工作，从下午4点起，处理交谈、修车等工作。我的工作计划大体上就是如此，并坚决执行——这就是我的推销计划，也就是自己管理自己。

"参加工作的第一年，我往往都是一个人在街道上转来转去，觉得非常难受又寂寞，有时也深感推销工作非常痛苦。每逢这时，我就勉励自己说，自己痛苦的时候别人也痛苦。说老实话，我想如果推销工作是一帆风顺的，也就无所谓自己管理自己了。自己管理自己这个问题之所以受到重视，是因为任何人都不能随心所欲地去做事情，因为时间一去不返，人们才要求这么严格。我也经常有精神不振的时候，遇到

● 反惰性思维

这种情况,我一定会在星期天去登山。当我一步一步地克服了前进中的困难而登到山巅时,那种激动的心情简直就和接受订货、交出汽车时的激动心情完全一样。"

从这两段话中,我们发现,推销员的这句话是他工作的重点:"我想如果推销工作是一帆风顺的,也就无所谓自己管理自己了。"

的确,克服懒惰行为其实就是自我管理的一种,和做其他事一样,假如不存在困难,那么,也就体会不到成功时的快乐,以这样的信念激励自己,能帮助我们克服很多负面心理。然而,任何人都不可能帮助你改变现状,能拯救你的只有你自己。

古希腊神话中有这样一个故事:

有一个叫西西弗斯的人,他触犯了天规,被罚到人间受苦。每天,他的任务是将一块石头推上山,而当他完成任务回家休息时,石头就会从山上滚落下来,于是,西西弗斯第二天又得去推。这是天神想让他在"永无止境的失败"中遭受惩罚,以此来折磨他的心灵。

可是,西西弗斯偏偏不吃这一套。他不认为自己的命运只能是这样受苦受难,他心想,推石头上山是我的责任,至于石头是否滚下来,不是我应该担心的。因此,他心中始终平静异常,从不丧失信心,从而始终不放弃自己的职责,每天都满怀希望。天神见折磨西西弗斯心灵的惩罚无法奏效,只好放他回了天界。

用这个故事对照现实生活,我们可以得到有益的启示:"人必自助而后天助。"若连自己都不愿帮助自己,还会有谁帮助你呢?在逐渐改正懒惰习惯的过程中,我们必须要始终激励自己,只要相信自己能做到,那么我们就能做到。

惰性思维是消极思维的一种,如果我们不摒弃惰性思维,那么,我们只能无止境地懒散下去。总之,任何一个希望解决懒惰行为习惯的人,都应该摒弃消极的惰性思维,始终相信自己能做到自控和立即执行,以这样的信念引导自己去做事,相信一定能有所收获。

◉ 反惰性思维

你每天花多少时间在手机上

　　现代社会，电子产品更新越来越快，社交网络越来越发达，越来越多的人成为低头族，吃饭时刷朋友圈，走路也刷手机，上厕所时手机似乎比手纸更重要。那么，你花在手机上的时间有多少呢？一小时？两三小时？三五小时？还是五小时以上？

　　有人甚至说，手机是现代人离不开的唯一东西。每天起床都会随手打开手机，点开微信朋友圈去看动态，一条一条往下翻，看到朋友的动态会随手点个赞，看到有意思的内容再评论一下。刷着手机，可能半小时很快就过去了。因为总是玩手机，人们产生了一个错觉：玩手机的时间很快就过去了，而上班时总感觉时间好难熬。

　　大部分人玩手机上瘾、刷朋友圈上瘾，每天有空时就去刷朋友圈，甚至习惯了，工作一会儿就去点开看一下。其实很多时候别人都没有更新动态，刷了几次还是那几条，但是就像着魔一样，总是想去看看。

第01章 惰性思维：你的懒惰来源于想得多、做得少

13岁的小刚刚上初中，父母为其添置了手机，以方便联系。平时小刚只是在学习之余才玩玩手机，大部分时间都用于学习。

后来有一次，父亲无意间经过书房，打算看一下小刚的学习情况。推开房门才发现小刚根本没有在学习，而是在用手机玩游戏。父亲十分生气："小小年纪不学好，玩什么游戏，这会让你成绩直线下降的！"小刚很无辜地看着父亲，说："可是班里的同学都在玩，他们天天谈论的都是游戏里的角色，我发现自己根本插不上嘴，我也是受他们影响，而且好多同学都会直接带手机去学校里玩，我只是晚上玩一会儿。"父亲当即打电话给老师了解情况，才知道不仅初中生，连小学生都陷入了某款热门游戏的诱惑之中，面对这样的环境，父亲表示很无奈。

其实，把玩手机的时间拿出来提升自己，你会得到更多，努力工作你会得到报酬，生活中多关心身边的亲人，可以让生活更温暖。如果只是拿着冷冰冰的手机光在朋友圈关心关注那些你压根就不熟的人，而放着身边亲人不闻不问，只会让亲情渐渐冷却。

曾有脑科学方面的专家对此进行研究后表示，每天长时

间刷朋友圈会严重分散人的注意力。研究显示，人脑的前额叶处理问题倾向于每次只处理一个任务，多任务切换只会消耗更多脑力，增加认知负荷。因此，有科学家相信，这种"浅尝辄止"的方式，会使大脑在参与信息处理的过程中变得更加"肤浅"。美国学者甚至以"最愚蠢的一代"来讽刺信息时代的低头族们。

事实上，过度玩手机已经成了一种生活习惯，要改变这种不健康的生活状态，我们还应该从小事着手，不妨尝试着把手机交给朋友、家人保管一段时间，去感受一下和朋友聊天的快乐，也去商店看看，要知道，讨价还价也是购物的一种乐趣。刚开始，也许你会感到不习惯，但只要坚持下来，你就会发现，不再一味地依赖手机，也是一种快乐。只要肯迈出第一步，剩下的99步就不再是难以攻克的障碍。为此，你可以做出以下改变：

1.彼此提醒少用手机

其实很多人拿出手机，打开微信、打开微博、打开百度，这样一个一个看下去，漫无目的，最终时间过去了，也不知道自己看了些什么。在生活工作中，可以和朋友协商好，让对方监督并提醒你。比如可以在你使用手机好长时间了时提醒下，或在一些场所提醒你不要使用手机等。

2.多交朋友，丰富生活

在闲暇的时候，多进行瑜伽、篮球、跑步等活动，让生活充实，同时也可以放松身心。不要让自己的生活太无聊，当一个人无聊的时候，就会不断地用手机来填补空虚以获取兴奋感，好像手机是自己获取外界信息的唯一通道一样。

3.删除不常用的程序

有的人在手机上装了很多应用程序，有购物、旅行、理财、游戏、聊天程序等各种APP。手机上装的程序太多，会影响手机的运行速度，而商家推送信息则会干扰我们的注意力。对于手机上一些不常用的应用程序，可以删除，既可以腾出手机内存空间，还能够减少干扰，何乐而不为呢！

4.别把手机放在床头

很多人，早上睁开眼睛的第一件事情，就是看一下手机。每天晚上睡觉之前，也要看手机，这样不仅伤眼，还会影响睡眠质量。不如将手机从床头拿开，还自己一个轻松美好的睡眠。

5.找其他东西代替手机

不要一遇到问题，就想到手机，努力寻找其他更好的打发时间的方式，从而减少对手机的依赖。比如在上班路上可以选择看书来代替玩手机。拍照的时候，可以用数码相机代替手机。

6.积极参加体育锻炼

运动不仅可以提高身体的抵抗力、增加血液循环、调节心率，还能够放松心情、缓解压力、补充精力。当你体会到运动带给你的愉悦之后，这种规律、健康的生活方式一定会打动你。

7.多进行一些户外活动

清新的空气和明媚的阳光是最好的"心情净化剂"，定期出去参加一些爬山活动或旅行是不错的选择。

8.坚持每天写日记

记下每天使用手机的时间和目的，这样可以让自己真正了解自己整天拿着手机是在做什么。也可以写一些你认为有意义的事情，让自己多关注身边的人和物，不仅可以戒掉手机瘾，还可以扩宽自己的视野，锻炼自己的语言组织能力和表达能力。

智能手机的出现确实让人们生活变得更加便利和丰富多彩，也让人与人之间的沟通变得更便捷，但也导致人与人之间面对面的交流变得越来越少。凡事过犹不及，可别让手机占据了你全部的时间。

第02章

反惰性，从一个元气满满的清晨开始

有人说，懒惰是最大的罪恶，上帝永远保佑那些起得最早的人。的确，"一日之计在于晨"，早晨对每个人来说都是极为重要的，我们每个人，要戒除惰性、提升行动力，都要从一个元气满满的清晨开始。为此，你不妨早起一个小时，当闹钟响起时就立即起来，再吃个营养早餐，然后去冲个热水澡，消除困倦之后，就立即投入学习和工作中去吧，让你的每一天过得踏实、有意义。并且，只要你坚持下去，当你回过头来的时候，会惊讶地发现，原来自己的每一天过得是这样的充实，你会为自己的改变而骄傲和自豪。

一日之计在于晨，反惰性从利用好每个早晨开始

我们每个人的一天都是从早晨开始的，古人云："一日之计在于晨"，这就告诉我们早晨对于一天活动的重要性。那么，你的早晨是怎样的呢？你想到了黎明？早餐？还是董事会？乱哄哄的环境？孩子的吵闹声？赶不上的公交车……每个人的答案，都与他们的工作和生活有着千丝万缕的联系。如果联想到"乱"的人，绝对做不到每天早起，也不可能在做完所有事之后美美地享用早餐。他们会一边啃着街头买到的面包，一边嚷嚷着"哎呀，又要错过这趟公交车了，我怎么不早点起来呢？"相反，只有联想到"阳光""豆浆油条"的人，才有可能早起。因为这些都是只有早起的人才能体验到的事，可以说是"早起的象征"。

太多人把早晨的时间浪费在毫无秩序的忙乱中了，而一个人在早上的状态如何，对一整天的工作效率有很大的影响，因为早上是最适合工作的时间段。但是有不少人即使听见

○ 反惰性思维

闹钟响了,却还赖在床上,早晨对这些人而言实在是令人头痛的时间。

要想让你的一天更充实,就要从早起开始。

小泽征尔是日本著名的指挥家,他在音乐上的造诣不只是靠天分,更多的是靠勤奋。

日本作曲家武满彻曾经在小泽的寓所住过一段时间,目睹了大师的勤奋,他说:"每天清晨四点钟,小泽屋里就亮起了灯,他开始读总谱。真没想到,他是如此用功。"原来,小泽从青年时代就养成了每天晨读的习惯,一直坚持到今天。"我是世界上起床最早的人之一,当太阳升起的时候,我常常已经读了至少两小时的总谱或书。"小泽这样说。

事实上,除了小泽征尔以外,大多数的成功者,都是珍惜时间的榜样。现代社会,人们也在努力寻找让工作效率翻番的方法,方法有很多,但究其根本,我们不能忽视早晨的重要时间。因为在早晨,我们的身体经过一夜的休息后充满能量,正是高效工作的时候。

那么,我们该如何利用早晨的时间呢?

第02章 反惰性，从一个元气满满的清晨开始

1.把早起变成一种生活习惯

正像小泽征尔所说的，他每天四点钟就起床，很多效率专家也建议，四点钟我们就应该起床。事实上，越是忙碌的人，越应该巧妙利用早上这段有限的时间。

如果你每天六点起床，那么现在，你只要提前两小时，不仅能提高工作效率，还能在学习、工作、财富和人脉上都大获成功。

可能也有些上班族说，"我们也是从一大早就开始工作了。"但实际情况呢？公司不是九点钟才打卡吗？到公司的路程如果需要一个小时，那么，七点多你才会起床，有些赖床的人，还会睡到八点多。

还有一些人持反对意见，每天要加班，早上根本起不来，但其实，通宵加班并不是明智之举，你没发现的是，那些高效率的管理者，都不会打疲劳战。

2.起床前花几分钟时间想好今天该做的事

对于早晨的时间，我们可以做个简单的时间段划分，一部分是从醒来到起床，一部分是从起床到出门为止。这样的分法是为了在每一个时段内，安排不同的事情。

当闹钟响了，你不必像听到"必须要起床"的哨子声一样立刻起床，你可以躺在床上，将一天的工作在脑海中先做好

安排，或者思考一些疑难问题的处理方法。等到将所有的事情都考虑妥善之后再起床。

换句话说，一天内要做的事情在床上已经都做好了安排。

这个方法有以下的几个优点：

第一，清晨卧室里阳光洒进来，宁静安详，你可以安静地思考问题。

第二，人在休息了一整夜之后，思绪会得到优化，你很容易就会想出好点子。工作上如果遇到什么问题，利用早上这段时间，很容易找到解决的对策。

但是，如果你习惯性赖床，在你想出对策前又进入梦乡了，那你最好立刻起床。

3.别忘记与你的家人沟通

从早晨睁开眼睛的那一刻到上班前，时间虽然不长，却是最忙的，我们不仅要刷牙洗脸，还要吃早饭、换衣服。再加上如果你不能早起，就更是步履匆匆。

懂得利用时间的人不应只用这个时段来处理杂事，还应用来和家人沟通，比如，你可以和你的孩子一起刷牙或吃饭，听听孩子说话，就足以建立亲子之间的感情了。

4.一定要吃早饭

上班族大多要花很长时间在通勤上，当出门前这段时间不够用时，只好牺牲早餐时间。其实，饿着肚子工作效率更低，所以无论如何，别亏待你的胃。

不得不说，早晨真的十分重要。那么，大家为什么不充分利用早晨的时间呢？每天有24小时。无论是能干的人，还是不能干的人，一天24小时的事实都不会改变。而如何使用这24小时，决定了你的学习和工作效率。从现在起，不妨养成早起和充分利用早晨时间的习惯吧，相信你会从中获益不少！

○ 反惰性思维

晨起就开始做好每日规划

我们都知道，时间对每个人来说都是公平的，更是悄无声息的。每天清晨，当你一醒来，你就有满满的24小时，也就是一天的时间，这一天里，无论你干什么，时间都不会因为你从事活动的特殊与否而放慢或加快流逝的脚步，正因为如此，我们身边的很多人，总是让宝贵的时间从身边溜走。年轻时，他们虚度光阴，以享乐为主，总认为有大把的青春可以挥霍，转眼间，垂垂老矣，剩下的只有遗憾。

事实上，不少人已经认识到时间的重要性，然而，这并不代表他们已经学会了管理时间，尤其是对那些本身就有惰性的人而言，他们总是在抱怨"忙死了"，他忙于吃饭、工作、睡觉，还要检查邮件、看电视、接孩子……他们甚至感叹：要是每天比别人多出一小时的时间来就好了。其实，即便真比别人多一小时，他们也有可能无法处理完这些事，因为他们的生活缺乏规划。

的确，时间是最宝贵的资源，合理安排时间就是"预算"生命。你若希望高效地做事，就应该根据自己的工作和生活，对时间做出总体安排。

我们暂时先将长期目标搁置，现在来回忆，你每天的时间都是怎么安排的？我们不妨以下四个问题为线索来寻求答案：

第一个问题是：在你的待办事项中，有哪些是必须做的？

也就是说，这些是必要的、无法删除的日常活动，比如吃饭、睡觉，虽然你也可以想办法减少花在这些活动上的时间，但你无论如何都不可能完全取消这些活动。另外，除非你非常独立、非常富有，否则，你就必须参与社会工作，以此来保证自己的生活所需，比如购买食物、添置衣物等生活必需品。这也就是说，吃饭、穿衣、交通以及工作等至少会占用你一定的时间。

第二个问题是：你的常规性事务有哪些？

起床、看邮件、读报纸、参加工作例会、保持办公区域整洁、看电视、洗盘子、开车接送孩子……这些工作量的多少完全取决于你在你的组织、家庭和你的社交圈当中的位置。平时你根本不会花费太多心思考虑这些活动，但它们却占用了你大量时间。事实上，很多人一辈子都在为这些事情而忙个不停。家庭主妇们经常会遇到这种情况，她们经常会很努力地做好自己的分内工作，结果发现自己虽然终日忙忙碌碌，却始终没有相应的成就感。

第三个问题是：你的遗留事务都是什么？

事实上，大多数人每天的活动内容都是由自己当前正在处理、但还没有完成的工作决定的，比如你昨天、上个星期或者是上个月开始的某个项目。我们常常并不想做什么事，却身不由己，比如，我们原本准备在晚上写一些随笔，却接到电话，不得不参加曾经允诺过的一个朋友聚会。

第四个问题：你是否为意外预留出了机动时间？

那些意外的事情通常会让你感到不快，也会占用你的时间。设想一下，头一天晚上，你事先定好了闹钟，但早上你一睁开眼睛，却发现闹钟没电了，你也因此晚起了，结果你迟到了2小时才到办公室，而你本来打算提前15分钟到，把昨天没有完成的工作补完的。不仅如此，到了办公室之后，你发现琼斯先生已经打来了5个电话，抱怨说他至今没有收到你昨天答应送给他的文件，所以你不得不立即打电话到快递公司问问情况，然后发疯一样地督促他们抓紧时间……

再比如，你原本5点半下班，但老板拖到6点才放你走，你的孩子正在幼儿园等你接他，你不得不打电话给你的爱人，但此时的他（她）也正在加班，于是，你们为谁接孩子的事吵了一架，此时你还不得不往幼儿园赶，谁知道，赶在下班高峰期的你堵在了路上，你的心情无比烦闷……

不难想象，我们每天的生活都是被这些必要的活动、常规任务、遗留工作，以及我们刚刚谈到的意外情况充斥着，对大多数人来说，他们终日纠缠于这些事务当中，一辈子也不可能找到足够的时间来实现自己的人生目标。要想避免这种情况，你首先需要分辨出那些浪费时间的活动，并通过停止这些活动来为自己挤出更多的时间。要想实现那些对你来说真正重要的人生目标，只有一种途径：认真规划每一天。

当然，这份计划也不可过于理想化，因为我们做规划的目的是让生活更有计划性，而不是被时间牵着鼻子走，如果你整个生活都在被时钟控制，就会变得毫无乐趣。相比之下，如果能够在安排日程的时候为自己留出一些自由时间，你就会感觉自己对生活有了更多的控制，每天的工作和生活也就会更加顺畅。

○ 反惰性思维

保持充足睡眠，防止晨起困倦

现代社会，对大部分人来说，他们每天大部分的时间都放在工作上，休息时间越来越没有规律，不少人甚至连吃饭都是凑合，而早睡对他们来说更是不可能了。他们恨不得将每一分时间和每一点精力都留给工作。这些人往往只看重一时的需求，却忽视了长远的影响；只注重工作时间的累积，却忽视了工作效率的提高。其实这样的做法并不科学，不利于压力的及时释放，非但难以促进工作，反而会使你的工作效率大打折扣。

事实上，对每个人来说，充足的睡眠都是极为重要的。研究证明，与那些经常熬夜的人相比，早睡早起的人无论是体力、健康程度还是精神压力方面状况都更好，科学的入睡时间是22点~22点30分，进入深度睡眠需要半小时或一小时，而且午夜到凌晨3点是人体自然进入深度睡眠的最佳时间，这样才能保证第二天有充沛的精力。

因此，我们每一个人都要明白，真正的高效率不是熬夜熬出来的。我们一定要懂得休息，只有劳逸结合，才有更高的工作效率。

有过登山经历的人也许会有这样的体会，那就是：山很高，需要分好多步才能登顶，最关键其实就是在中途，如果不停下来休息，那么就必然会在最接近终点的时候被落下。工作中，适时调整自己也是必要的，一个真正会工作的人不会打疲劳战，而是懂得充足的休息才有更充沛的精神。

可能有些人会认为，我有太多的工作要做，或者是马上就要交工作任务了，没时间了，于是，他们会选择夜以继日地工作。争分夺秒地抓紧时间工作固然好，但要保证工作效率。拼时间、搞疲劳战不可取，这样会影响工作效率，为此，我们要注意劳逸结合。具体来说，我们可以这样做：

1.学会有条理地工作

你应该合理分配工作、休息的时间，做到劳逸结合，把握好生活节奏。以销售工作为例，要进行合理的安排，比如出发前，你要做足准备工作，多了解客户的资料和产品信息等，只有做到这些，才能在销售时做到有的放矢，避免时间的浪费。

2.多锻炼，保持充沛的精力

不知你有没有这样的体验：当情绪低落时，参加一项自己喜欢又擅长的体育运动,可以很快地将不良情绪抛之脑后。这是因为体育运动可以缓解心理焦虑和紧张,分散对不愉快事件的注意力,将人从不良情绪中解放出来。所以,如果你在工作中感到累了,就做做运动吧,适量的体育运动可以消除疲劳,避免或减少各种疾病。

3.掌握一些提高睡眠质量的方法

我们必须坚持每天8小时的睡眠,晚上不要熬夜,定时就寝,中午坚持午睡。充足的睡眠、饱满的精神是提高工作效率的基本要求。

以下是几点提高睡眠质量的建议:

(1)平常而自然的心态。出现失眠不必过分担心,越是紧张,越是强行入睡,结果越适得其反。有些人连续多天出现失眠就会紧张不安,认为这样下去大脑得不到休息,不是短寿,也会生病。这类担心所致的过分焦虑,对睡眠本身及身体健康的危害更大。

(2)寻求并消除失眠的原因。造成失眠的因素颇多,前已提及,只要稍加注意就不难发现,原因消除,失眠自愈。对因疾病引起的失眠,要及时求医,不能认为失眠不过是小问题,从而延误治疗。

(3)身心松弛,有益睡眠。睡前到户外散步一会儿,放松一下精神，上床前或洗个澡，或用热水泡脚，然后就寝，对顺利入眠有百利而无一害。诱导人体进入睡眠状态，有许多具体方法。

（4）运动法改善睡眠。适度的体育锻炼会让睡眠更深，同时它也能在清醒时提供给人更多的动力。关键是量力而为，这样的话，所需的睡眠时间还是会和平时一样。当然，如果运动过度，就有可能需要更多的睡眠来恢复体力了。

4.保持愉快的心情，和同事融洽相处

每天有个好心情，做事干净利落，工作积极投入，睡眠质量也会提高。另外，积极融入集体，和同事保持互助和友好的关系，也会提升我们工作的热情。

诚然，用持之以恒的精神拼搏、奋斗是我们必须具备的一种品质，但这并不意味着要一刻不停地奔波与忙碌。适可而止，会休息才会成长。只会向前猛冲，而不懂得减速缓行的人，在人生的某个弯道处，一定会冲出跑道，损失更多。

○ 反惰性思维

拒绝赖床，闹钟响起时就一鼓作气爬起来

我们都知道，大多数的成功者，都以勤奋取胜。现代社会，人们也在努力寻找让工作和学习效率翻番的方法，方法有很多，但究其根本，我们都不能忽视早晨的重要时间。因为在早晨，我们的身体在经过了一夜的休息后充满了能量，正是高效工作和学习的时候。

而重视早晨的第一步，就是必须戒除赖床的毛病，当闹钟响起时，必须一鼓作气爬起来。成年人赖床可能会导致上班迟到、克扣奖金、被上司批评、工作心情被严重影响等，而学生迟到，就会错过学习、游戏的时间，错过与老师、同学互动交流的机会。做事情拖拖拉拉，容易养成"拖延症"，好习惯一定要从小开始培养。

人们常说春困秋乏，无论是孩子还是成年人都是如此，我们似乎一年四季都喜欢赖床。有时候，眼看马上就要迟到了，但身体就是不想动，一些人会感叹："我也没有办法呀，我就是起不来"。其实，要想戒除赖床的毛病，首先要认

识到赖床的危害。当睡梦中的我们被闹钟吵醒时，确实会有不舒服的感觉，头脑也没有完全清醒，再加上意识里有一点惰性，就会把闹铃关掉，让它等一下再响。但这个短暂的睡眠可能会毁掉你下一阶段的状态，由于这种贪睡的睡眠时间非常短暂，这样的睡眠周期是不完整的，那么当你第二次醒来时，你会比第一次感觉更加疲倦，产生头晕。

据睡眠专家说，当你贪睡两次甚至多次才起床时，这种循环就会被大脑混淆，产生一种睡眠惰性，使人昏昏欲睡，这种惰性会让你在接下来的几个小时都很容易犯困。因此，当清晨你的闹钟第一次响起的时候，你要做几次深呼吸，一鼓作气爬下床，这样你就可以得到百倍的精神力量。

那么，有没有什么特别好用的方法，可以有效改善赖床的习惯呢？其实，根本方法还是要认识到早起的重要性，同时采取一些实用的技巧。

1.早睡才能早起

一些人认为，由于每天学习到很晚，早上根本起不来。但其实，熬夜学习并不是明智之举，可能你没发现的是，那些学习效率高的学生，他们都不会打疲劳战。

2.做好睡前准备

睡觉前你要先整理好自己的文件，把明天要用的东西准备好。先把明天要穿的衣服叠好放在床头，起床后直接套上即可，这样做既可以避免起床后受凉，也可以减少起床后的准备时间。

3.学会用闹钟

闹钟对于早起是必不可少的，对于培养时间观念也大有裨益。当你的闹钟响了，要一鼓作气起床收拾，别给自己贪恋被窝的机会。

4.一定要吃早饭

一些人因为起床晚了、出门前这段时间不够用等原因牺牲了早餐时间。其实，饿着肚子做事，效率更低下，所以无论如何，别亏待你的胃。

5.早晨起来睁开眼睛，不刷手机

一睁眼就玩手机的人，我想也不在少数吧，你也许觉得这没什么，又没睡懒觉，时间还够充裕，玩一会儿会怎么样？事实上，这样做并不太合适，大清早醒来就刷手机，不刷牙洗脸穿衣服，会在无形中给你的内心带来一点压力，可能直接影响你接下来的心情，而且思维也会不清楚。

入睡之前不要把手机放在床头柜上，或其他触手可及的地方，可以将手机放在其他房间，早晨起床后就不会想要立刻打开手机，坚持吃完早饭再看手机，假以时日，你会为此感谢自己。

总之，戒掉懒惰习惯，就要从每天清晨的不赖床开始，也许一开始有点难，但是只要你坚持下去，就会感受到自制力在慢慢提升。

○ 反惰性思维

冲一个热水澡，迅速消除起床后的困倦

当今社会，年轻人由于压力太大，白天忙于工作和生活琐事，只有在晚上才能有更多的空闲时间，为了精神上的愉悦，很多人会有不同程度的熬夜习惯，因此也会出现一些清晨起不来的情况，每天起床就像受折磨，即使起床之后也不在状态、总是打哈欠。甚至在已经睡够了七八个小时的情况下，依然困倦，对此，专家建议，可以使用一些小技巧，帮助你迅速消除困倦，其中就包括清晨沐浴。

事实上，很多朋友都有早上洗澡的习惯，因为早上洗个热水澡能起到提神醒脑的作用。这是因为我们的皮肤表面布满了毛细血管，当你洗澡时，毛细血管浸在热水中就会膨胀起来，使血液循环加快，增加人体的新陈代谢，提高神经系统的兴奋性，有利于精神和体力的恢复，当然倦意就会全消了。

我们可以将早上起来冲个热水澡的好处归结为以下几点：

1.加速新陈代谢

早上洗澡不仅能让人精神焕发，头发更有光泽、自然、强韧，还能帮助身体燃烧额外的热量，加速新陈代谢。

2.皮肤更有光泽

无论肤质如何，早上洗澡能让肌肤"喝饱水"，让皮肤看起来更好、更润泽。

3.心情更愉悦

很多人早上醒来总是昏昏沉沉的，甚至心里还会有一股莫名的火，那不妨洗个澡吧。洗澡能改善情绪，给人注入能量，对抗压力和焦虑，使人保持愉悦。

4.增强免疫功能

早上洗澡能改善循环系统功能，促进血液循环，提升免疫力。

5.一整天都精神

早上洗澡能让人重新焕发生机，让大脑更有活力，高效地完成工作。咖啡因是一种精神兴奋剂，稍凉些的洗澡水也有同样的作用。早起洗个澡能完全"冲"走睡意，让你精力充沛。

不过，早上洗澡，还有以下几点需要注意的地方：

1.温度不宜过高

早晨起来，人的大脑还没有完全清醒，此时如果洗澡水温度过高，会更容易让人昏昏沉沉。因此，建议将水温调低一点，这样就能让你迅速清醒，洗完澡之后整个人精神抖擞地去迎接一

○ 反惰性思维

天的生活。要注意，不是什么温度的水都可以解除疲劳的，40摄氏度的水温是最好的。水温太高或是太低都不会消除疲劳感。

有一种90秒洗澡法，只需用冷热水交叉冲凉，就足以令你精神爽利。在完成清洁动作后，先将水温调到最低，并冲澡30秒；之后的30秒，将水温调至能承受的最热温度，热水会令毛细血管扩张，加速血液循环，助你恢复精神；最后再冲30秒冷水，便大功告成。

有研究指出，冷热刺激法有助消除压力、增强免疫力、促进血液循环。下次当你感到昏昏欲睡、精神不佳时，不妨试一试这个冷热冲澡法。

2.不要空腹洗澡

晨起洗澡切忌空腹，最好洗澡之前少进食一些牛奶或者碳水化合物类的食物，这样可以避免在洗澡的过程中出现低血糖，平时就有低血糖的人建议不要选择早晨洗澡，如果必须洗也请在早餐后再洗。

当然，早晚洗澡的作用是不一样的，这是根据人体活动来说的，晚上睡了一夜，早上洗澡，是有提神效果的，但劳累一天了，晚上洗澡可以帮助睡眠，解除疲劳。睡眠质量的好坏直接影响着第二天的生活和学习，洗个热水澡是有助于睡眠的，热水可以促进血液循环，所以有解乏的功效。

第03章

工作中，这样着手让你克服懒惰、拒绝拖延

身处职场，任何人都必须完成自己的分内工作，这是负责任的表现。然而，对很多已经懒惰成性、习惯性拖延的人来说，他们总感觉自己有做不完的工作，感觉有堆积如山的文件需要处理，感觉领导似乎把所有的工作都交给了自己，感觉自己没有时间与家人、朋友相处……一天的时间转眼之间就过去了，但是什么时候才能"下班"呢？如果你也有这样的感受，你就需要好好反省你的工作方式了，你是否浪费了大量的时间在无谓的事上？你有写工作报告和做备忘录的习惯吗？你善于时间管理吗？对于以上这些问题，我们都会在本章中进行详细叙述。

改变工作态度，激发你的奋斗激情

现实生活中，我们每个人都怀揣梦想，希望可以大展拳脚，但现实的状况可能是，面对我们每天都必须做的重复性工作，有些人已经失去热情、产生怠惰心理，甚至开始抱怨、拖延，拒绝做出改变。那些对工作懈怠的人总是能为自己找出更多的理由，他们总是拖拖拉拉，影响到工作进展的速度，而这些都是不热爱工作的表现，如果总是这样的状态，你会发现，工作是枯燥的，工作效率也是低下的。事实上，无论你从事哪个行业，热情都是促使你成功的动力。

詹姆斯·巴里说："快乐的秘密，不在于做你所爱的事，而在于爱你所做的事。"工作占据了人生中大部分的时光，比尔·盖茨有句名言："每天早上醒来，一想到所从事的工作和所开发的技术将会给人类生活带来巨大的影响和变化，我就会无比兴奋和激动。"

因此，如果你认为自己对工作提不起兴趣，觉得工作毫无意义，那么，你首先要做的就是改变你的工作态度。

反惰性思维

然而，不难发现，也有一些人，他们在工作中总是抱着这样的态度：要么喜欢耍小聪明，要么上班迟到、早退，要么总是推脱工作。这些人自以为得到了好处，但他们的损失将远远大于所得。这种人，也许会得逞一时，但终将失败一世，永远与成功无缘。

我们不妨先来看下面一个故事：

很久以前，在西方，有一个人死后来到了一个美妙的地方，这里能享受到一切他曾经没有享受过的东西，还有数不尽的佣人伺候他，他觉得这里就是天堂。可是在过了几天这样的生活后，他厌倦了，于是，对旁边的侍者说："我对这一切感到很厌烦，我需要做一些事情。你可以给我找一份工作做吗？"

令他没想到的是，他得到的回答却是："很抱歉，我的先生，这是我们这里唯一不能为您做的。这里没有工作可以给您。"

这个人非常沮丧，愤怒地挥动着手说："这真是太糟糕了！那我干脆就留在地狱好了！"

"您以为，您现在在什么地方呢？"那位侍者温和地说。

这则寓言故事是要告诉我们：失去工作就等于失去快乐。令人遗憾的是，有些人却要在失业之后，才能体会到这一点，这真不幸！

追求快乐固然没有错，但你要明白，只有踏实工作才是真正快乐的源泉。不可否认，浮躁的现象在人群中普遍存在，具体表现在他们看不到劳动的真正价值，更做不到安心工作，心浮气躁，事情刚做到一半，就觉得前途渺茫、失去兴趣，于是，他们只能一事无成。

生活中的人们，无论你现在从事什么样的工作，都应该学会热爱它，即使这份工作你不太喜欢，也要尽一切能力去转变心态，并凭借这种热爱去发掘内心蕴藏着的活力、热情和巨大的创造力。事实上，你对自己的工作越热爱，决心越大，工作效率就越高。

不管怎样，我们要集中精力、专心致志地做好自己的本职工作，这样，你会从原本的"痛苦"的感觉中获得喜悦和成就感，而"热爱"和"全神贯注"就如硬币的正反两面，它们是相辅相成、不可分割的。

当然，刚开始的时候可能有点困难，但是你要在心中鼓励自己："我正在从事一项了不起的工作""这是多么幸运的工作啊"。这样，对工作的态度自然而然就有了大转变。

○ 反惰性思维

有句话说得好："选择你所爱的，爱你所选择的。"为了培养对工作的热情，首先，在择业时，你应该考虑自己的兴趣。如果你并不了解自己的兴趣所在，怎样才能挖掘出它们呢？有很多方法可以做到这一点。例如，在你目前的工作中，你最喜欢它的哪些方面？是和他人共处，还是不和他人共处？是智力挑战，还是解决问题的满足感？

一般情况下，如果你真的不喜欢自己所做的事情，缺乏工作积极性，那么这是不值得的，不管你得到的薪水有多高，不管你的职业生涯攀上了多少高峰，都是不值得的。倘若你已经有一份不错的工作，那么，不妨尝试着热爱它。

其实，并不是所有工作都那么妙趣横生，甚至绝大部分工作都会因为环境的一成不变而显得枯燥乏味。许多在大公司工作的员工，他们拥有渊博的知识，受过专业的训练，有一份令人羡慕的工作，拿一份不菲的薪水，但是他们中的很多人对工作并不热爱，视工作如紧箍咒，仅仅是为了生存而不得不出来工作。他们精神紧张、未老先衰，工作对他们来说毫无乐趣可言。

其实，一件工作有趣与否，关键在你怎么看待。任何工作，我们可以做好，也可以做坏。可以积极向上、喜悦地去做，也可以愁眉苦脸、厌烦地去做。如何去做，完全在于我们。所以，既然你在工作，何不让自己充满活力与热情呢？

只要你带着这样的热情来办公室，你就会发现上班不再是一件苦差事，工作反而变成了一种乐趣，久而久之，你的能力和激情都会被人发现，就会有许多人愿意聘请你，来做你更热爱的事。如果你对工作充满了热爱，你就会从中获得巨大的快乐。

设想你每天工作的8小时，就等于在快乐地游泳，这是一件多么惬意的事情！

另外，从工作中寻找成就感也会让你爱上它，比如，如果你是教师，你可以通过观察每个学生在学习上的进步、心智上的成长来获得乐趣；如果你是个医生，你就能够以帮助病人排除病痛为快乐。另外，你还应该认识到，在每一份工作中，我们都学到了不同的知识。

◐ 反惰性思维

职场倦怠,如何突破

作为职场人士的你是否发现,不知从何时起,每天清晨起来照镜子,你的脸上再也没有了刚参加工作时的笑容?你是否发现,周一刚过,你就盼着周末赶紧到来?睡觉前是不是恨不得第二天生个小病,这样就不用去上班了?你是不是觉得这份工作除了那点薪水支撑你坚持下来,你已经对它提不起半点兴趣了?如果你有这样的表现,那么,你已经进入职场倦怠期了。

网络上曾经有个被网友广为流传的帖子,内容是这样的:

"你最痛苦的事情是什么?"

"加班。"

"比加班更痛苦的事呢?"

"天天加班。"

"比天天加班更痛苦的呢?"

"天天义务加班。"

为什么这段话能受到网友们的热捧?很明显,因为它真切地传达了很多人对工作的情绪,如果你也对这种情绪似曾相识,那么表明"倦怠情绪"正在你的身体中蔓延,"被传染者"会无心工作,没有了向心力的团队更如同一盘散沙。因此,企业和个人如何应对,对于跳出职业倦怠泥沼至关重要。

与过去相比,现在的职场年轻人似乎更容易产生职业倦怠,尤其是那些工作时间不满4年的人。有调查显示,在工作时间达到5年后,职业倦怠指数有明显下降,工作16年后,职业倦怠程度降到最低。且在同样的调查中显示,25岁以下人群中职业倦怠的比例最高,35%的人出现了职业倦怠,其次为25~35岁人群。对于职业倦怠,大部分的年轻人的应对措施是换工作,与其他年龄的从业者相比,30岁以下的年轻人工作的流动性更强,很多人不到一年就会换一份工作。

小玲是一家知名化妆品公司的员工。在大多数人的眼里,她是一个幸运儿。她目前从事的化妆品的市场推广工作,既和自己的专业对口,又与自己的兴趣相投。她已经在这个公司工作了整整7年。

7年来,小玲并没有升职。目前的她觉得工作越来越没劲。她无奈地说:"我每天都不想上班,就想着只要不出错就万事大吉了。虽说我也曾为了能实现自己的梦想付出了很

反惰性思维

多,但现在那种职业的成就感没有了。"

小玲的情况在职场中比较常见,这就是人们所说的"职业倦怠"。那么先为自己做一诊断,来看看你是否正在倦怠中吧。

(1)对工作开始缺乏热情,注意力不集中,对上级交代的任务提不起兴趣,工作时间延长,同样的工作需要花费更多的时间。

(2)经常会出现头痛、胃痛、肌肉酸痛等一些症状。

(3)开始莫名其妙地猜疑一些事情,比如老怀疑自己生病了,不停地去看医生。

(4)食欲不振、失眠。

(5)在工作中情绪不稳定,对人际关系敏感,遇事容易着急,一着急又容易发火。

以上5个选项,如果你拥有3种以上的症状,就要警惕了,你很可能已经成为了一只可怜的职场"倦鸟"。

那么,如何才能解除这种职场倦怠感呢?

1.端正工作动机,摆正工作心态

你要明白的是,工作的目的并不是为了获得每月定时发放的工资,还是一个自我价值与社会价值实现的过程,因此，我们每天都要带着感恩、阳光的心态去工作。

2.做好时间管理，让工作更有条理

养成列举工作日程表的习惯，然后考虑哪些条目可以完全放弃，哪些可以委托他人或与他人合作完成，尽量缩短工作时间，提高工作效率，增强成就感。

3.科学规划职业生涯

先了解自己的特长、优点等，这样，你能寻找到适合自己的工作，并在工作中获得成就感和满足感；另外，你的职业前景也会变得明朗、开阔起来。

4.协调职场人际关系、绝不单打独斗

在工作中，与你的上司、同事的关系如何，直接关系到你在工作中的心情、工作效率等各个方面。

5.保持学习状态、为自己充电，防止技能和知识落伍

这是突破职场倦怠最重要的一环。职场的焦虑来自能力和知识的不足，以及对现状的不满，要改变就要从自我突破开始，事实上，不断充电已经成为现代职场人士的共识，且大部分职场人也在为此而努力。

随着社会的变革转型，就业压力增大。企业求创新突围，给管理者、员工带来一定的压力，职场"倦鸟"因此产生，且已经成为影响工作效率的头号敌人。企业及其管理

者，懂得如何防治职业倦怠，在当前尤其重要。而从我们自身来说，突破职场倦怠，最重要的是积极调整好自己的心态，并更新、提升自己的知识储备，以迎接新的挑战。

职场人士克服惰性行为的五个步骤

在你工作的办公室里，只要你细心观察就会发现，包括你自己在内，同事们总是能为自己懒惰或者做事效率低下找到借口，这些借口冠冕堂皇。然而，也正是这些借口，让我们的行为拖延、消极颓废，久而久之，不仅降低了做事效率，升职加薪的机会也与我们擦肩而过。所以，身处职场，我们任何一个人都要树立负责、正确的工作态度，任何事都不为自己找借口。庆幸的是，很多人已经认识到找借口对于高效行动和克服拖延症的负面影响，他们也在积极寻找解决这一问题的方法。为此，我们总结出了克服惰性的五个步骤：

第一步，认识：找出工作中那些为自己的惰性行为开脱的借口。

人们的惰性行为形态各异，所找出来的借口也多种多样，不过我们经常能听到的几种借口是：

1."我太忙了。"

在很多公司或企业，我们总是能听到这样的对话：

○ 反惰性思维

"杰克，前天交代给你的财务报表做好了吗？"面对财务主管的问题，身为下属的你可能这样回答："最近实在太忙了，明天吧，明天晚上一定交给你。"

"小李，明天陪我去上海出趟差，有笔生意要谈。""对不起主管，我手头事情太多了，你找小张吧。"

也许"忙"是我们最拿得出手的借口了，但"忙"正说明你做事效率低，没有领导愿意器重这样的下属，所以还是想想怎么提高你的执行力吧。

2."为什么不早跟我说。"

很明显，这是被人们称为马后炮的借口，这样一句话，很轻松地就把责任推卸到了他人身上，这个人很有可能是你的上司，他并不愿意听到你这样的借口，在对你失望后，他可能会选择其他人去做这件事。

"我下午要开会，把上个季度的销售业绩表拿给我。"

"您怎么不早说，就剩一两个小时了。"

3."这件事不归我管。"

在企业内部，这种推卸责任的话经常会充斥在我们耳边，这是一种缺乏团队精神的表现，这种人通常会被团队排斥在外。

4."等老板回来再说吧。"

要知道，老板终究是老板，老板日理万机，分身乏术，他聘请员工来就是帮自己解决问题的,而不是将问题都推回给自己。如果你总是用这样的借口推脱责任,那么,最终你只能被炒鱿鱼。

当然,做事拖延的借口还有很多,每个拖延者惯用的借口也不一样,但无论如何,请把这些借口写下来,然后在下次行动的时候告诫自己,绝不可再以此为挡箭牌。

第二步,付诸行动:用理性克服惰性行为。

找到自己常用的借口,还需要真正用行动来戒除。尝试着在每次接到任务的时候说"我马上去做"吧。这句话会督促你去实施,然后你需要一个行动计划,最主要的是,一定要在计划中规定你的完成日期。

第三步,提升:融合和强化你的执行力。

这个阶段,你的执行力已经得到一定程度的提高,但偶尔还是会有懒惰的想法,因为在执行的过程中,确实会有一些难度,为了避免产生放弃的念头,你必须要强化你的执行力。为了克服畏难情绪,你要规定自己首先处理一些重要事务。

作为职场人士,我们每天都要处理很多事务。对此,很多人认为,先处理那些不紧要的事务,会起到激励自己的作用。实际上,这种想法是错误的,把最紧要的事拖到最后来干,你会发现,经过一天疲惫的工作后,你已经没有精力和时间来完成它了。

而我们之所以有这样的想法,实际上是因为有畏难情绪,是在有意识地在回避那些重要的、难度大的工作。因此,我们一定要克服这样的心理倾向,首先着手最重要的工作,用足够的时间精力来处理它,并把它办好。

第四步,改变:接受不完美。

你是否是个完美主义者?在每次行动前,你是否都习惯规划整件事,然后将每个细节都考虑在内?但最终,你白白浪费了时间、延误了开始的时机。其实,与其有个完美的开始,不如有个完美的结局,很多时候,把事情做完远比把事情做得完美更适当。

第五步,坚持:持之以恒,形成良好的做事习惯。

这是对抗惰性的最后一个阶段,最重要的是需要我们的坚持。很多事情,只要你持续去做,你就能完成。

善用备忘录来提醒自己的工作

职场中的人们,相信你也曾有过这样的经历:周一早上,所有员工都集合在会议室,因为领导要就本季度销售额问题进行总结,还要提出新的销售方案。领导可能用了一个周末去做准备,所以开会发言时他兴致勃勃,每个人都聚精会神地听着,你在内心说:"哇!真是一场精彩的会议!"但是真正留在记忆里的,很可能就剩下不到一至二成了。为什么会这样呢?因为人的记忆能力是有限的,人们只会记住那些印象深刻的事物。而且,随着时间的流逝,能被他们回想起来的更是少之又少。所以,在工作中,我们常常会选择用备忘录来减少重要事件被遗忘的可能。对每天忙于工作和生活的人们来说,整天战战兢兢地回想待办事项,靠大脑记忆有哪些重要的事尚未处理,并不能让自己更高效地工作。

事实上,大部分的时间管理达人都已经把"每日备忘录"当成了一种有用的工具,并逐渐养成了一种利用备忘录的生活习惯。为了让备忘录真正起到作用,你也要养成一种习惯，把你能想到的、要做或计划做的事情都记录在上面。每日备忘录只是一种帮助记忆的手段，几乎每个人都会用这种方法提醒自己要做的事情。

只要你每天早上花费一些时间，打开当天的备忘录，就能顺利地找到接下来该做的事情。你会因为做事有计划、按部就班而节省大量时间，做事效率也会因此提高很多，节省下来的时间，你可以放到其他事情上，比如，和爱人约会、和家人共享天伦、运动健身等。

通过这个方法，你也能获得进步和成长，只要找到最近的活动，就能发现自己是否有停滞不前的或者需要继续努力的记录。这最终会引导你朝着新的目标和方向前进。

另外，因为每日备忘录是对时间的管理，能帮助我们有计划地做事、生活。因此，它还能抑制你的冲动，让你明智地作出判断。比如说，当你上网看到一款十分抢眼的包包，但是你本月还得缴纳购车贷款，按照你的财务计划，你在20号以后才会有多余的资金，此时，你不妨把购买包包的计划装进信封，然后把信放在截止期限前一个星期的备忘录里。当时间到了的时候再打开看，也许这个时候你就不觉得它像之前那样吸引你了。

备忘录另外的一个作用就是激发我们的思维。也许就在昨天，有人询问你对于某件事的看法，这个时候你不用过多顾虑，只要把当下所产生的想法表达出来就可以。隔天，把对这个问题的答案写在每日备忘录上。当你再翻看备忘录时，不妨忘记那个答案，对这件事重新进行判断和评估。这样做了之后，你会惊讶地发现，自己曾经做过多少仓促的决定，而再次深度分析总结这次事件，可以让思维产生新火花。

当然，要让备忘录起到有效的提醒功能，不能简单地将事件记录下来，还要学会如何做备忘录以及运用它。你可以把写下来的备忘录分阶段放在纸袋或信封中按序排好，每天养成好习惯，在固定时间拿出来检查一番，这样就能让所有事情井井有条。

巧妙运用"每日备忘录"，还需要我们从以下几点努力：

1.按时间段来整理备忘录

你可以选择一些大信封、卷宗、档案夹、抽屉或者盒子来做每日备忘录。可以按照日期，比如，从1号到15号的放在一起，15号到月底最后一天的放在一起，并按照日期编码。

2.养成在固定时间查看备忘录的好习惯

要想真正让备忘录对你的工作和生活起到积极的作用，最好养成习惯，每天早上去看看自己记了些什么事情。

比如，如果你决定下周三去会见一个重要客户，那么，你不妨在备忘录的日期上做个记号。要是这项活动被安排在早上，那么可以在周二的地方做个记号提醒自己明日需要早起，然后再移到周三，以便再提醒一次。

又比如，你是一名律师，你在15号上午有案子要开庭，必须携带一些非常重要的资料。那么把这些文件放进"15号"的文件夹里，并在上面注明案件审理是几号庭、对方律师的姓名等。

再比如，你每月都要缴2000元的房贷，那么不妨用付款单或其他东西来提醒自己，早早做好准备，按时缴纳。

也许你偶尔会忘记开会或一时找不到资料，可是只要每天早上检查备忘录，你就不会忘掉它们！

读到这里，想必你大概明白为什么从前的你总是文件堆满办公桌，手忙脚乱了吧。把你每天使用的文件按照日期的编排放到相应的文件夹里，你就可以在日后的工作中顺利找到并审阅它们。

总之，面对繁杂的工作和生活，如果我们能善用备忘录，那么，一切将变得井井有条！

GTD 工作法：助你创造最大的工作价值

对任何一个现代职场人士来说，"忙"都是最让他们苦恼的问题：我们似乎总是有加不完的班，总是要熬夜工作，电脑里总是有整理不完的文件，邮箱的未读邮件已经满了，我们似乎从未睡过一个安稳觉。其实，要在8小时内将所有的工作做完并非不可能，前提是我们需要找到最佳工作方法、提升工作效率。

不得不说，我们每个人的精力都是有限的，我们不可能总是在工作，总是在记事。假如我们总是被那些无法理清的杂事困扰的话，工作精力会大大降低，效率自然也不高。

德鲁克曾说："在知识工作中，任务没有被指定，它需要被确定。'这项工作的预期成果是什么？'这是一个提高知识工作者工作效率的关键性问题。这个问题可能导致一些极具风险性的决定产生。通常，没有正确的答案，只有不同的选择。想要获取高效益，一定要明确地认定预期结果。"

为此，时间管理达人们推荐了最简单有效的GTD 管理法则，让你把时间充分展开，梳理出一个清晰可见的脉络。做到这几点，就能让你的8小时发挥最大的价值。

GTD时间管理是较为时兴的时间管理方法，是Getting Things Done的缩写，就是通过五步管理，不断地将自己的物品比如文件进行分类，通过对物品的管理来达到管理时间、提高工作效率的目的。

GTD分为五个经典步骤：收集、处理、计划、行动、回顾。接下来，我们看看具体的操作方法：

1.收集

请尝试在你的脑海中回忆那些需要你解决的事，为了回忆得更彻底，你可以闭上眼睛回想，然后用笔记下来。即便是那些只是一闪而过的念头，也别忽略了。这些事情可能来自方方面面，比如爱情、生活、工作等，所有的事情都纠缠在一起，让你的8小时缺少效率，甚至在8小时之外，你还为这些事揪心。

2.处理

可能在你的待办事项中，有些事可以说不费吹灰之力就能解决，比如"给礼品公司的刘总打电话，预约下周三的会面"或"通知妻子六点钟之前要去幼儿园接孩子回家。"再或者是"马上给老板发送上半年的工作总结报告。"这些事情尽管不难，却长久地占据你的头脑，掩盖了那些真正需要处理的问题，你可以花两分钟时间尽快处理。

3.计划

接下来，你需要考虑的是那些会占用你两分钟以上时间的事，还有那些需要更繁杂的步骤来完成的事。在大脑里做个备案吧，你到底需要多少翔实的计划呢？这些事之所以让你困扰，是因为你没对其做好进一步的规划和措施，因此缺乏自信，或者你对这件事的预期效果没有信心，因此你才会感到心虚。事实上，你只需要列出一个清单，概括出预期的效果以及各阶段的行动步骤，就足以把这些烦恼从你的大脑中清除了。

4.行动

有些工作是不需要你自己亲自执行的，那就交给别人吧，做些更重要、更有意义的事。而且，你要做到专注，一次只做一件事，把那些能借用工具完成的任务，统统交给工具吧。

5.回顾

回顾你的日程表和任务清单。根据GTD时间管理方法的步骤，时间管理专家为我们提出以下九条工作方法：

第一，清理你的电脑桌，进行简单的归纳整理。

第二，写下你一天的待办事项，先从最重要的那项开始做起，持续地做下去，直到做完或因等待某些资源而停滞为止，然后着手第二项工作。

第三，早上进办公室后的第一件事是先浏览一下今天的工作清单，并把这些清单分三类："一定要做""应该做""能做最好"。每完成一项任务，就划掉一项，这样做，能让你提升自豪感和成就感。

第四，减少检查邮件的次数，即使你手头任务已经完成，也不要习惯性地打开收件箱；另外，你还需要每天定时查看收件箱，分类处理邮件，清空收件箱。

第五，要学会休息，不是忙就有成效。午休时间就要好好休息。

第六，找出可以指派他人做的任务，并建立文件夹，注明时间等情况。

第七，找到那些需要你亲自处理的工作、文件等，上班时，将这些问题从文件夹中调出来，然后一个个处理，并归档。

第八，为将来要处理的某些事建立目录，例如，周三下午4点和××开会讨论某事，一般用日历就能搞定。该目录下的工作，必须理解为不能提前处理的，要区别于那些需要亲自处理的工作。

第九，建立"归档"目录，存放已经处理完的工作。该目录可以细分更小的子目录，按类归档，方便查找。

总之，时间管理不是追求在1小时内多做三五件事情，工作是做不完的。GTD管理方法能让我们在有限的时间内，创造尽可能大的价值。

● 反惰性思维

番茄工作法：将重要的工作放在精力充沛时做

番茄工作法是简单易行的工作方法，是弗朗西斯科·西里洛于1992年创立的一种相对于GTD更微观的时间管理方法。番茄钟，指的是把任务分解成半小时左右，集中精力工作25分钟后休息5分钟，如此视作种一个"番茄"。即使工作没有完成，也需要定时休息，然后再进入下一个番茄时间，收获4个番茄后，可以休息15至30分钟。在番茄工作法一个个短短的25分钟内，收获的不仅仅是效率，还会有意想不到的成就感。

对上班族来说，提早几分钟到办公室，把一天的工作任务划分成若干个"番茄钟"，规定好每个"番茄钟"内需要完成的小目标，然后尽可能心无旁骛地工作，这种"番茄工作法"也被称为拖延症自救攻略之一。假如你想培养自己强烈的时间管理意愿和意识，养成坚定的自我管理行为，从此克服懒惰，就可以利用番茄钟的理论来提升自己充分利用时间的能力。

第03章　工作中，这样着手让你克服懒惰、拒绝拖延

小朱是职场丽人，平时有拖沓的工作习惯，她觉得自己有必要改变自己，于是打算利用番茄钟来督促自己管理时间。

周一早上8:30，小朱启动了第一个番茄钟，她打算用这个番茄钟来回顾前一天的所有工作，看一遍活动清单，并填写今日日程。在同一个番茄钟内，小朱检查了方案是否一切就绪，做了一些整理，番茄钟响了，她休息5分钟。

第二个番茄钟开始，小朱进入了工作状态，就这样进行了三个番茄钟，然后进行一段较长时间的休息。虽然愿意继续工作，小朱还是决定休息时间稍长一些，以便面对紧张工作的一天。过了20分钟左右，启动一个新的番茄钟，继续四个番茄钟，此时已是12:23。正好余下几分钟可以整理一下办公桌，收集四处堆放的文件，检查了今日待办表格，小朱决定去吃午饭。

下午2:00，小朱回到办公室，启动番茄钟继续工作。在番茄钟之间，她的休息时间不长。但在四个番茄后，她觉得累了，仍然还有几个番茄要做。但她想要好好休息一下，去溜达溜达，尽可能离开工作。30分钟后，她开始一个新的番茄钟。结束，休息。她预留最后的番茄钟用来回顾当天的工作，填写记录表格，就可能的改进记下一些意见，为明天的待办表格加一些说明，并且整理书案。番茄钟响铃，进行短暂休息。小

○ 反惰性思维

朱看看表，5:27了。她整理好凌乱的文件，排好活动表格的顺序。5:30，空闲时间开始。

小朱曾是一个深度"拖延症"患者，通过种"番茄"，以坚持每天上班时间至少收获10个番茄，来敦促自己完成日常工作。就这样，她自我诊断拖延程度有所减轻，工作效率大大提高。对庞大任务的恐惧和抗拒是导致拖延的重要原因，番茄工作法的设定，可以让人把注意力集中在当下，帮助人更好地集中精力、摆脱曾经挫折的阴影和"万一任务完不成"的焦虑。

番茄时间的原则在于，一个番茄时间（25分钟）是不能分割的，不存在半个或一个半番茄时间。一个番茄时间里若做与任务无关的事情，则该番茄时间作废。当然，应避免在非工作时间内使用番茄时间，比如用5个番茄时间来钓鱼。在开启番茄钟之前，需要有一份适合自己的作息时间表，在进行过程中别拿自己的番茄数据与他人的番茄数据比较，而且番茄的数量也不可能决定任务最终的成败。有效地利用番茄时间，可以减轻我们对于时间的焦虑，同时可以提升集中力和注意力，减少工作的中断。此外，我们还要注意以下几点：

1.做好记录

在开启番茄时间之前，做好准备工作，明确各个番茄时间对应的任务，最好将任务简单写到纸质便签或日记本中，便于番茄钟的实行及强化反馈。

2.保持任务时间

每4个番茄时段内的任务尽量保持一致，别有太大的差别，尽可能减少任务间的切换成本，毕竟切换某个任务的工作状态也是需要时间的。

3.预留时间

启动番茄钟之后，打扰是不可避免的，电话或邮件都有可能打断自己的工作。假如必要，可在番茄时间段里预留一些机动的时间，比如预留5分钟。当然应尽可能避免这种打扰，在允许的范围内适当将接收邮件的时间延后，不启动即时通信工具。

根据自己的实际情况，合理设置一个工作日内的番茄时间段，尽可能将重要的工作放在精力充沛的时段。比如8:30~11:00，15:00~17:00等。当然，不一定所有工作都需要纳入番茄时间段里，找到适合自己的工作节奏很重要。

○ 反惰性思维

收拾你的办公桌，干净整洁的环境提升工作效率

身处职场，相信你一定羡慕那些做起事来慢条斯理、张弛有度的人吧，因为他们总是能将工作和生活权衡得井井有条。诚然，善于管理时间，好的工作方式都值得我们学习，不过先抛开这几点不谈，只要先来参观一下他的办公桌或许能找到答案了。在他的办公桌右上角，放着一部电话机，好像仆人一样恭敬地守在那儿；几支签字笔也像小兵一样排得整整齐齐。他的电脑上没有东一张西一张的便利贴，桌上更没有那些乱七八糟的草稿纸，一切看起来舒服极了。

现在我们再来看看自己的办公桌：杂乱无章的桌面，文件到处都是，被随意放置的公文包，还有那些材料、报纸、咖啡渍等，如果我们突然想起来需要什么，就需要从这些"垃圾"中翻找，甚至要找个底朝天。试想一下，在这样的工作环境中，我们的工作效率怎么能提高？太多的时间浪费在寻找东西上了。

所以，一个高效的工作者是不允许自己的办公桌杂乱无章的。美国著名的管理学家蓝斯登说："我欣赏彻底的、有条理的工作方式。那些成功人士，当你向他询问某件事情时，他立刻会从文件箱中找出。当交给他一份备忘录或计划方案时，他会插入适当的卷宗内，或放入某一档案柜中。"

可能你也会说，随意的办公桌让你工作更轻松，但实际情况呢？当你把头埋进一片废纸堆的时候，你的心情会轻松吗？想必那些繁乱的资料只会让你急得满头大汗。更糟糕的是，凌乱的东西会随时分散你的注意力：一个小纪念品、一张画片都有可能突然出现在你的视线里，从而扰乱你的工作进程。

另外，办公环境的整洁与否，反映着你工作是否有条理性。办公桌上杂乱无章，会让你觉得自己有堆积如山的工作要做，可又毫无头绪，从而让人丧失信心、压力倍增，降低了办公的质量，影响工作效率。所以千万不要以为这只是个美学问题，整齐的办公环境并不表示你是个完美主义者，而是条理化工作的需要。

其实，整理办公桌的过程，也是你整理思路的过程。不管你有多么忙，都要把办公桌收拾得整洁、有序。在每天下班之前，把明天必用的、稍后再用的或不再用的文件都按顺序放置好。保持这个习惯，你的工作也将变得有条不紊，简单而快乐。

那么，接下来，让我们一起为你的办公桌做个瘦身运动吧：

在有条件的情况下，无须在你的办公室里放置多张办公桌，你只需要选择一个L形的办公桌就可以了，因为它有较大的工作空间，电脑也不会碍手碍脚。要用电脑时，转个45度就行了。

如果你用的是台式电脑，别让笨重的主机占据你办公桌一半的空间，它会使你的工作面积变得很狭小，不妨尝试将主机放到地上，在脚踢不到的地方。

主机这个笨重的家伙离开了你的桌面，还觉得工作空间不够？接着清理吧！现在来看看你每天伏案工作的地方，那些东西真的是你所需要的吗？是不是有太多小文具，诸如铅笔、圆珠笔、公文夹、档案夹、订书机之类的东西，你的办公桌肯定有抽屉，将它们都扫进去吧！如果是公用的柜子，不妨在你的柜子上贴上自己的名字，这样就不会弄混。

再去看看你的文件夹，将它们按照日期和月份分开放，待办文件和已办文件也分类放置！

做了这么多工作，是不是有点渴了？不要否认，你肯定做过这样的事,原本你想去拿手边的一个东西,但却不小心打翻了咖啡,满桌子都是咖啡渍,甚至还洒到了衣服上,你又气又恼,但有什么办法呢?这是你自己犯的错误。要不换一下咖啡杯吧!你可以选择一个带杯盖的,这样不但能保证咖啡的温度,还能避免咖啡洒漏。另外,如果你的确是个笨手笨脚的人,那就买一个重量级、宽底小口、像金字塔般稳当当的杯子,它会老老实实地待在桌面上的。

是不是觉得有点不方便呢?再简单的办公桌也还是要把那些必备文具用品摆到手边的。

现在看来,一切完美了,即使办公室突然停电,你也能找到你想要的东西。最后,为了让你的心情更好,可以将爱人或者孩子的照片放到看得见的地方,简化办公环境并不意味着我们不能保持自己的个性!

● 反惰性思维

多做些事，勤快点其实不吃亏

身处职场，你是不是经常遇到这样的情况，上班时间，突然来了一个同事的快递，同事不在，你签还是不签？公司来了贵客，负责冲咖啡的同事出去了，你会为他代劳吗？同事最近经济上出了点问题，他并没有找你借钱，你帮还是不帮？看到会议室的材料掉在地上，捡还是不捡？诸如此类的本职工作之外的事随时都有可能发生，你是做还是不做？

可能很多人会这样回答：当然不做，既然是额外的事，何必多此一举？的确，在我们的周围，一些懒惰的人不仅对自己的工作马虎拖延，他们还自作聪明，害怕多做任何一点额外的工作。但事实告诉我们，那些被老板提拔的人都有个共同的特点：对工作始终充满着春天般的热情，只要有闲暇时间，不会对别人说"不"。那些人缘好、处处受人欢迎的人，总是对他人仗义相助。其实，无论是在职场还是处理人际关系时，多做些事，都不吃亏，因为你可能会因此得到额外的收获。

我们先来看下面一个故事：

第03章 工作中，这样着手让你克服懒惰、拒绝拖延

曾经有一个年轻人，他在一家小旅馆当服务员，一直勤勤恳恳地工作。

这天晚上，一对老夫妇来开房间，但旅馆房间已经没有了，这下，老夫妇犯难了，因为他们真的没有地方去了。怎么办呢？

年轻人很爽快地让老夫妇睡自己的房间，正好自己要值班，然后，他将自己房间的床单和被褥都换了，自己则趴在柜台上睡了一夜。

第二天，老夫妇看到这种情景很感动，认为这个青年人很善良。年轻人绝对没有想到，这对老夫妇就是希尔顿酒店的老板，而且没有子女，于是他成了希尔顿家族的接班人。

这名年轻人居然能从一名旅店服务员跻身上流社会，与这对老夫妇的带领和引荐不无关系，继而成为希尔顿酒店的接班人。当然，这是机缘巧合，却告诉我们一个道理，职场工作中，我们若想得到"额外"的回报，就不要总是置身事外，要多做一些"分外"事。

不得不说，我们的工作环境中，不少人都认为做额外的事会吃亏，也没有多做事的意识，殊不知，作为一名员工，只要是与企业利益相关的，无论是分内还是分外的事，都应该尽

○ 反惰性思维

力做好。

事实上,聪明的职场人,从不介意做多事,因为他们深知为他人、为企业多做一些事,有时候只是举手之劳,却能为自己赢得更多的支持。当然,某些情况下,我们一句简单的慰问和关心的话语都能有此效用。

小陈在一家外企负责采购工作。有一次,公司采购部的车出了问题,刚好总经理专用车司机刘师傅的轿车停在附近,刘师傅准备载她一程,于是她第一次坐上了刘师傅开的轿车。当时正值上下班高峰时间,路上交通拥挤,小陈赶时间,刘师傅也着急得不得了。这时,小陈开口安慰刘师傅道:"刘师傅,这么多年,你每天都要在这样的交通状况下负责经理的出行,真是很辛苦啊。"想不到这句衷心的关心之语,使刘师傅非常高兴。因为他已经做经理司机十年了,十年来,连经理都没跟他说过一句"辛苦了"。刘师傅感动得不得了。后来,刘师傅对当时的情景还念念不忘,在私下里经常主动帮小陈的忙,再后来小陈升到采购部经理的时候,他还时常地夸奖小陈,说陈经理体恤下属、慧眼识英才等。

故事中的小陈,之所以会与刘师傅结下良好的关系,就在于其简单的一句关心的话："辛苦了。"生活中，每个人都在为自己的工作忙碌着、辛苦着，都希望自己能得到他人的理解、肯定和关心，如果有人能对我们说出"辛苦了"，我们也会心生感激。

当然，在职场多做事并不是为了达到获得他人支持的目的，这是一种负责任的工作态度，只有你有这一意识，并化为行动，才能成就较高的工作效率、积极的工作热情和拼搏的进取心，同样，你也会因此而获得更广阔的职场前景。

因此，即使你只是公司一名基层员工，当你接收到一项并不属于你职责范围或者并不喜欢的工作，你无须抱怨，更不要心理失衡，你应该欣然接受并努力完成，在做事的过程中，你能积累到他人没有的经验，能获取知识，你最终会成为企业重要的人才，实现你的价值。所以说，我们多做一些事并不吃亏，吃亏是福，因为企业最需要的也是这样不怕吃亏的员工。

第04章

学习时，这样做让你进入如饥似渴的求知状态

提到学习，对现代社会中忙碌的人们来说，他们通常会给出最无奈的答案：没有时间。他们总是感觉自己有做不完的工作，感觉有堆积如山的文件需要处理，感觉领导似乎把所有的工作都交给了自己，感觉自己没有时间与家人、朋友相处，更别说抽时间来学习和提升自我了……其实，这些只不过是他们为自己的惰性寻找的借口，因为时间都是挤出来的，那些能力突出者、职场精英乃至成功人士，无不是争分夺秒、如饥似渴地学习，那么，他们是怎么做的呢？接下来，我们来看看本章的内容。

第04章 学习时，这样做让你进入如饥似渴的求知状态

动机建设：你为什么要学习

人作为一种生物，所有的行为都是直接或者间接按照自己意志去行动的，而这一切都必须要有足够的动机。可能外界的压迫或者一时的发愤可以暂时充当这种动机，但是任何纯被动的行为都是无法持续太久的。只有有了内在的动力，学习的行为才能够高效地持续下去。

很多学习者，之所以会热衷玩乐，而不愿意学习，就是因为没有端正学习动机，没有兴趣，就没有探究的精神和动力。

那么，为什么要学习呢？

知识改变命运，相信任何一个人都知道这个道理，所以我们学习是为了获取知识，让自己未来的人生路走得更平坦，因此，在学习前，我们一定要摆正心态，学习是自己的事，考虑清楚这个问题，相信你也能找到努力学习的动力！

英国哲学家培根说过："习惯真是一种顽强而巨大的力量，它可以主宰人的一生。"我们任何人都要认识到学习的重要性，一定要在学习中树立正确的心态，从而通过教育培养一

种良好的习惯。学习时，当你明白自己为谁而学习，为什么而学习，你就会有一种向前的动力，觉得学习是一种乐趣，也就能克服学习中的各种困难，学习积极性提高了，学习效率也就提高了。

一个人爱好学习，勤奋读书，就会学有所获。任何人，只要具备了学习的热情，无论外在条件多么艰苦，他们都能汲取到知识带来的营养。而如果你被动学习，那就只能停留在知识的储存和记忆层面上，而不能正确地运用，你的学习就是低效或者无效的。

我们对于自己的未来都满怀信心，并树立了远大的理想。理想能指导行动，让你的努力拥有一个明晰的主线，但对于未来的憧憬，必须落实到今天的努力中。如果你每天都在展望自己的未来而不踏实工作、生活的话，只能让心智沉浸其中，陷入人生的陷阱。

哈佛大学前任校长劳伦斯·萨默斯曾经在课堂上建议，每一个哈佛学生每天都应该问自己一个问题："我为什么要学习？"

表面上看，这是一个很简单的问题，实则非常重要，因为一个人，只有具备良好的学习动机，才有强烈的学习欲望。相反，如果一个人没有良好的学习动机，不明白学习的目的，就很难产生强大的内驱力。

第04章 学习时，这样做让你进入如饥似渴的求知状态

接下来，我们从这位家长口中了解下他的孩子是如何自发学习的：

孩子一两岁的时候，尽管离认字还早，我们就买了一些图画书，然后跟他一起"读"书，讲述书中的故事给他听，让他领悟读书的乐趣。从懂事起，我们就常跟他说，无论家长在不在身边都要认真学习，学习不是为家长，也不是为老师，只有把学习当作自己的事情，才能把书读好。

从小学开始，他就很自然地爱上了学习。每天下午放学回家，第一桩事情，就是完成老师布置的作业。我们忙于自己的工作，从不盯着他做作业，也很少去检查、订正他的作业。如果把作业做错了，老师要求他订正时，他也是一人做事一人当，从不找我们家长"耍赖"，记得那时，小学生放寒暑假前，还要带一册厚厚的假期作业回家。假期没过几天，他三下五除二，就把它们统统给解决掉了，然后利用余下的假期，看课外书，或找小伙伴们玩。见他这样争气，我们也乐得省心，成了名副其实的"懒"家长。在学习的舞台上，他是主角，我们家长是欣赏者、喝彩者，只是偶尔帮他跑跑龙套，做一些学习资料搜集等服务性工作。

的确，作为学生，如果想获得好的学习成绩，就要自主、自觉地学习。一个学生，只有把学习当作自己的事情，知道读书不是为了某种物质奖励，不是为了父母的面子，而是为了自己成长的需要时，才会有一种内在的持续动力。

其实不只是学生，我们任何人都是如此，如果你不明白自己为什么学习、为谁学习，你就看不到学习的必要性，就永远也不会具有学习的动力。如果我们不明白自己学习的动机，不明白读书的目的，就会把学习当成负担，把学习当成苦差事。

为此，我们每个人，都需要有意识地培养自己对学习的动机和热情，对此，你可以做到：

1.积极期望

积极期望就是从改善学习者自身的心理状态入手，对自己不喜欢的学习内容充满信心，相信它是非常有趣的，相信自己一定会对它产生信心。想象中的"兴趣"会推动我们认真学习它，从而逐渐对学习产生兴趣。

2.从可以达到的小目标开始

在学习之初，可以确定小的学习目标。学习目标不可定得太高，应从努力可达到的目标开始。不断地进步会提高学习的信心。

3.了解学习目的，间接建立兴趣，培养热情

了解学习目的，是指你要明白，学习的结果是什么，为什么要学习。学习过程往往是要经过长期艰苦努力的，这种艰巨性往往让人望而却步，所以要认真了解学习的目的。如果你能对学习的个人意义及社会意义有较深刻的理解，就会认真学习，从而对学习产生浓厚的兴趣。

4.培养自我成功感，以培养直接的学习兴趣

在学习的过程中每取得一个小的成功，就进行自我奖赏，达到什么目标，就给自己什么样的奖励。有小进步、实现小目标则小小奖励自己一下，如去玩一次想玩的东西；有中进步、实现中目标则中奖励，如买一本自己喜欢的书画或玩具等；有大进步、实现大目标则大奖励，如周末旅游等。通过奖励来巩固自己的行为，有助于产生自我成功感，不知不觉就会建立起直接兴趣。

因此，我们任何一个人，要想提升学习效率，就要强化自己的学习动机，只有这样，才能发自内心感觉到，你现在的学习是有意义的，对你和别人都是很有价值的。然后不断地强化自己的感觉，很快你就会感觉到自己有一颗充满学习热情和热忱的心。

○ 反惰性思维

普瑞马法则——如何对抗学习中的惰性

人们常常羡慕那些学习能力强、学习效率高、学习效果突出的人，但是当你问这些人有什么真经时，他们会告诉你，学习不是一件可以投机取巧的事，克服惰性，努力学习，这是学习好的不二法门。的确，学习好的人往往都有很强的自制力，并且做事情计划性很强。

一位学习成绩优异的学生说："只要到了学习时间，无论电视节目有多精彩，我都会毫不犹豫地关上电视。先做什么后做什么，今天都要完成什么任务，在我脑子里清晰无比。但是人都有惰性，如何培养自制力？我认为，开始的时候可以强制自己做应该做的事情，直到形成习惯为止。也可以写座右铭，时时激励自己。"

那么，你做到了吗？不得不承认的是，惰性总是与拖延相伴相生。你会发现，那些你不愿意做的工作，往往是你不喜欢做的事或者是难做的事，因此，要克服拖延心理，你首先要克服惰性。万事开头难，要把不愿做但又必须做的事情放在首位,而对于难做的事可以试着把困难分解开,各个击破;对于那些难做决定的事,则要当机立断,因为最坏的决定是没有决定。

在学习和生活中,我们可能都有这样的经验,当想要做某件事情的时候,过了好久还是没有做;或者觉得有力气使不出来,总觉得生活是灰色和抑郁的。这类情况反映在生活中,就是生活好像总是被一种惰性缠绕,知道这样不好,但又不知道从何处入手来改变。

那么,接下来,我们该怎样克服惰性呢?

要克服惰性心理,你首先就要认识到它的负面效应。懒惰拖延并不能帮助我们解决问题,也不会让问题凭空消失,它只是一种逃避,甚至会让问题变得更严重,那么,你为什么还要逃避呢?

因此,你必须克服这一习惯,想方设法将其从你的个性中除掉。如果不下决心现在就采取行动,那事情永远不会完成;当然了,如果你不打算成功、不打算超越他人和自己、不打算改变现状的话,那你可以继续放任自己。

以心理学操作性条件反射的原理为基础,对人类的行为方式进行观察后,心理学家提出这样一种改进方式,以纠正惰性生活方式,并将这种惰性生活方式结束,从而带来整个人生的良性改变，这种方式被称作普瑞马法则。你如果有兴趣用以下方式坚持尝试一周，你会发现整个人变得很不同：

先用一到两天时间给自己做一个行为记录，把你每天都要做的事情记下来，包括记录你所有的生活活动。这样，即使粗略地记，大约也会有几十件，并把其中一些吃饭穿衣等必须完成的事情剔除。

之后，把剩余的几十件事情按照兴趣排列，把最不喜欢做的事情放在第一位，把最喜欢做的事情放在最后一位。

最后，你就可以在之后一周内行动了。每天一早起来，从你最不喜欢的事情开始做起，并且坚持做完第一件事情，再做第二件事情，一直做到最后一件你喜欢的事情。

整个过程中，开始你会稍觉得困难，但只要花很少的力气稍稍坚持，就能顺利进行下去。千万不要在中途跳跃逃避那些你不喜欢做的事情。

这种方式是一种强化的过程——先处理困难的事情，再处理稍微不那么困难的事情，这是一种对于前面行动的强化，然后继续，强化的效果会越来越大，一直大到你觉得自己有力量来完成任何事情。

对改变惰性生活方式来说，这种方式具有很大的效果。而对于经常有抑郁心情的人，这种生活方式将直接改变抑郁的情绪，只要坚持，抑郁的生活方式就会永远结束。通过结束惰性或抑郁的行为，从而结束惰性或抑郁的心理。

最后，当你真正做到自律的时候，可以自我奖励一番，当你能坚持一段时间的学习时，可以及时地肯定自己，然后记录进步，在获得某种成就感之后，你会找到继续努力的动力。如果你试试，并且多一些坚持，你将发现生活着、工作着，是多么轻松有趣的事情！

○ 反惰性思维

别浪费一分一秒——如何利用零散时间学习

人们常说，时间是珍贵的，但也是在一分一秒中被浪费掉的，我们每个人一天只有24小时，所以应该珍惜时间，充实自己。的确，随着时代的进步，人们对时间的意识和控制也越来越强，著名的海军上将纳尔逊，曾发表过一项令全世界懒汉瞠目结舌的声明："我的成就归功于一点：我一生中从未浪费过一分钟。"达尔文说："我从来不认为半小时是微不足道的一段时间。"雷巴柯夫曾说："用分来计算时间的人，比用时计算时间的人，时间多59倍。"

的确，一个人如果认识到时间的重要性，看到自己水平不高，感到时间的紧迫，就会自觉地去利用零碎时间。古往今来，一切有成就的学问家都是善于抓住一分一秒时间学习的高手。

对时间计算得越精细，事情就做得越完美，无论是学习还是做事，如果你能以分为单位，对那些看起来微不足道的零碎时间也能加以充分利用，你就能有所收获。

从另一个角度来看，与零碎时间相比，大块时间的脑力劳动其实更容易导致疲劳的积累，使工作效率受到很大影响。零碎时间的学习能保持大脑的兴奋状态，效果极佳。如果你致力于学习，那么，利用零碎时间学习一些必须熟记的生词、公式、规则等，有利于反复记忆，加深印象。

利用零碎时间的技巧很多。比如，我们可以准备一个随身携带的小本子，记上要背的单词和知识点，有空就读一遍；在起床、洗脸、刷牙、就餐等活动场所的墙上，钉上一个和视线等高的小夹子，夹上一张卡片，卡片上写上当天要背的单词、公式等内容；还可用录音机，把要背的知识内容录下来，吃饭、洗脚的时候都可以听。总之，利用零碎时间反复记忆，不仅会明显提高我们的学习效率，还能培养分秒必争的好习惯。

不得不说，现代社会中的人压力都很大，除了工作还要学习、生活，我们自己自由支配的大块时间很少，因此，为自己赢得时间就更重要了。不少人认为那些零散的时间没什么用处，其实这些时间看似很少，但能集腋成裘，几分几秒的时间，看起来微不足道，但汇合在一起就大有可为。

也许现在你已经发现，每天有很多时间流失掉了，例如，等车、排队、走路、搭车的时间，这些时间可以用来背单词、打电话、回邮件等。大家的一天同样只有24小时,但是善于利用零碎时间的人,就能得到更多的益处。具体来说,把零碎时间充分利用起来,需要我们做到:

1.善于利用等待的时间

可能每天都会有这样一些时间是处在等待中的,比如,等车、排队等。长时间的等待会让人觉得很无聊,如果你拿出平常准备的问题本,进行回忆和思考,那么,长此以往你的记忆力就会大大提高。

2.善于利用走路或坐车的时间

不少人上下班都是乘坐公交车,这段时间内,你可以思考一些工作中遇到的问题,也可以听一些英文单词,关键是要有问题意识,养成善于思考的习惯。

3.善于利用睡觉前的时间

你可能也发现,当你躺上床之后,进入睡眠状态还需要一段时间,此时,你可以将这一天的工作、学习情况在大脑中过一遍,起到回忆和思考的作用。

有人说,人的心理很微妙,一旦知道时间很充足,注意力就会下降,效率也随之降低;一旦知道必须在单位时间内完成某事,就会自觉努力,从而效率大大提高。如果坚持每天读文章,哪怕坚持读一页,一年就是三百六十五页,十年即三千六百五十页呢；但是如果你每天落后别人半步，一年后就是一百八十三步，十年后更是会有惊人的差距！可以说，人的潜力是很大，善于利用零碎时间，通常不会影响心身健康，却可以有效地提高做事效率，何乐而不为呢？

○ 反惰性思维

饭吃八分饱，防止学习时困倦

在学习上，可能一些人会有这样的体验，吃饭时吃得太饱，然后翻开书本学习，但是没过多久就犯困，其实，这叫"食困"。造成这种现象的原因在于我们大脑内分泌的激素——食欲激素。当一个人吃完饭之后，他摄取的大量葡萄糖会减少这种蛋白质类激素的分泌，从而让人感到困倦，这是正常的生理现象。为了避免这一点，我们最好做到饭吃八分饱。

人体内的食欲激素是由大脑下丘脑的神经元细胞分泌出来的，因为它能影响机体的摄食行为，并参与血糖代谢，因此被称为食欲激素。后来科学家还发现，这种激素还有疼痛感知、调节心血管及自主神经系统的功能，此外它还参与人体睡眠周期的调节。

英国曼彻斯特大学的研究人员丹尼斯·博达科夫发布了一份研究报告，称人体内葡萄糖水平的轻微改变也会影响食欲激素的活动，并让人犯困。

根据博达科夫的研究，不同食物造成的瞌睡效果也不同，

第04章 学习时,这样做让你进入如饥似渴的求知状态

富含碳水化合物和脂肪的食物会大幅增加人体的葡萄糖水平,使人更加疲倦嗜睡;而富含蛋白质的食物的效果则差得多。

另外,也有一些食物会让人发困,比如火鸡等含有色氨酸的食物,因为色氨酸在人体内会被转化成血清素,再被转化为褪黑素,进而让人想睡觉;此外,喝酒也可能增强睡意,因为喝酒会增强腺苷的效果。但总体来看,大多数情况下,食物中的成分并不会导致我们产生困意。

睡眠驱动力来自于大脑中一种叫作腺苷的化学物质的积累,它是人体细胞代谢产生的副产品,累积起来就会增加困倦感。一个人醒着的时间越长,腺苷的积累就越多,对睡眠的渴望也就越强。下午时人体内腺苷水平比上午高,因此更容易觉得困。实际上咖啡因就是通过阻碍腺苷在大脑中的活动来使人保持清醒的。

如果我们睡眠不足,午饭后的困倦会更加明显。为了抵消午后的困倦,可以尝试使用咖啡因,或者小睡10到20分钟,这些方法都能降低腺苷水平,让人恢复清醒;当然,你也可以通过"熬过去"达到清醒的目的,因为随着昼夜节律的恢复,清醒信号逐渐增强,你会感到更加清醒。

为了避免学习中的困倦,我们最好做到饭吃八分饱,这也是现代人在养生方面很注重的一件事情,但是吃到什么样的

○ 反惰性思维

程度才算是八分饱呢？很多人对这个是没有概念的，接下来我们就来谈谈"吃饭吃到八分饱"到底是如何衡量的，以及如何控制自己的食欲。

人在饥饿的时候会下意识地加快进食的速度，恨不得把所有食物都塞进肚子里。但是，当吃到七八分饱的时候，你就会发现自己的进食速度明显变慢。

有些人平时习惯吃到撑为止，这对健康其实是很不利的。而"吃到八分饱"就是当你对食物的热情度开始下降，觉得原来很好吃的食物变得没有那么好吃了，这时稍微转移一下注意力就可以很快停止进食了。

那么，对吃饭常常喜欢吃饱的人来说，如何控制自己的饮食呢？

首先，把握好吃饭的时间，不要等到饥肠辘辘的时候再吃饭，要在感觉到有一点饿的时候就开始吃饭，每天的吃饭时间最好是固定的。

其次，吃饭的时候不要狼吞虎咽，每餐吃饭的时间最好在20分钟左右。吃饭太快很容易使大脑没接收到饱的信号，最后导致吃太多。

最后，每顿饭要多吃一些粗粮和新鲜果蔬，因为这些食物需要充分咀嚼，这样能有效延长吃饭的时间。

第04章　学习时，这样做让你进入如饥似渴的求知状态

拒绝沉溺网络游戏，集中精力学习

无论是学生还是已经参加工作的社会人士，都明白学习的重要性，然而，玩却成了我们学习的天敌。沉溺玩乐的人通常身上都有着顽固的惰性。我们都知道，人的天性都是追求快乐而逃避痛苦的，而人们获取快乐的一个重要方式便是"玩"。在玩的过程中，人的身心能得到放松，能忘却很多现实生活中的烦恼，但一味地追求玩乐只会让我们逐渐失去自控能力和斗志，让我们的行为偏离正确的轨道，久而久之，我们离自己的目标只会越来越远。古人云"玩物丧志"，大致就是这个道理。

然而，我们不得不承认的一点是，现代社会，发达的互联网在给人们的生活带来方便的同时，也产生了一定的弊端，尤其是对一些处于学习阶段且自制力不强的人来说，影响更大。对很多人来说，上网聊天、玩游戏似乎已经成了每日必做的"功课"，上网无可厚非，但沉迷网络，肯定不是什么好事。如果你也为沉迷网络游戏而困扰，不妨狠下心来，切断电

反惰性思维

源，将注意力重新转移到学习上来。

曾经有一篇报道，讲述了一个15岁的少年迷恋上网、沉迷网络游戏的经历。

他和很多"00后"的男孩一样，追求个性、时尚前卫。其实，这名少年生长在一个很幸福的家庭里，家里的长辈，尤其是爷爷奶奶很疼爱他。电脑、手机、平板电脑……长辈都给他买了。

他也一直是个很听话的孩子，但不知道为什么，到了初二的时候，他突然爱上了网络游戏，一放学就钻进网吧，要不就去同学家通宵打游戏，家长知道这样下去不是办法，便跟他聊了聊，谁知道，孩子不但不听，反而变本加厉，甚至偷钱去网吧上网，爸爸一气之下打了他一巴掌，从没被父母如此训斥过的他，负气离家出走了。

无奈之下，父母只好报警。最后，警察在隔壁市的一间网吧找到了他。

现实生活中，有不少这样的人沉迷网络游戏。不得不说，发达的网络在给人们的生活带来便捷的同时，也毒害了不少不懂得节制的人。

事实上，一个人，要想有一番作为，就必须要静下心来学习，就要学会自控，控制自己的"玩"心，剔除自己的享乐主义心理。事实上，那些成功者之所以成功，并不是因为他们喜欢吃苦，而是因为他们深知，只有磨炼自己的意志，才能让自己保持奋斗的激情，才能不断进步。

然而在现代社会，随着物质生活的提高和科学技术的进步，一些人被花花世界所诱惑，一有时间，他们就置身于灯红酒绿的酒吧、歌厅，就连独处时，他们也宁愿把精力放在玩游戏上，时间一长，他们的心就再也无法平静了，习惯了天天玩乐的生活，再也没有曾经的斗志，最后只能庸庸碌碌地过完一生。

因此，无论何时，我们都要控制自己的"玩"心，享乐只会让我们不断沉沦，闲暇时我们不妨多花点时间看书、学习，不断地充实自己，才能在未来激烈的社会竞争中立于不败之地。

一个整天玩乐的人就如同一具行尸走肉，真正的快乐其实并不是玩乐能带来的，而是努力充实自己心灵的结果。当然，如果你是一个爱玩，尤其是爱玩网络游戏的人，那么，从现在开始学会自控、纠正自己的玩乐心理并不晚，这需要你做到：

反惰性思维

1.自我心理建设，提高自制力

控制自己往往是在理性的时候，而不想控制自己往往是在感性的时候。所以矫正自己的玩乐心理的最好的方法，就是注重理性心理建设。当然，没有人能够完全避免玩乐，所以只能改善。以下是两种心理建设的方法：

（1）替代法。当你想玩游戏的时候，可以改为运动、唱歌、看书等，当你沉浸在其中的时候，游戏对你的诱惑也许就慢慢消减了。

（2）比较法。你可以在内心做一个比较：此时"玩"与"不玩"会有什么区别？玩游戏可能会耽误你的学习和工作，影响你的休息。但"不玩"，你会节省出很多时间从事其他事情，相比较而言，哪一选择更明智？很明显是后者。长期的心理建设会让你逐渐降低对游戏的欲望。

2.把电脑放在家里的"公共场所"

你可以把电脑放在家里的"公共场所"，如客厅或公用的书房等，这是帮助自己有节制地上网的最简单的方法。当你已经有网瘾时，不妨寻求周围人的监督。

3.转移注意力

调查发现，喜欢网络游戏的人很聪明，而且动手能力强，但是长期玩下去却有可能导致他们的智力水平降低。因此，如果你也是这样，就一定要立即转移自己的注意力，可以多参加一些科技活动，充分发挥特长，循序渐进地把求知欲和好奇心引向健康轨道。

即使你已经下定决心学习，也不可能完全限制自己的行为，毕竟一个人不可能24小时都在工作或者学习，因此，最好学会循序渐进地调整。你可以为自己制订一些小计划，比如限制玩游戏的时间，但无论如何，你一定要完成。如果你完成不了，那么一定要找出原因。

○ 反惰性思维

根据自己大脑活动的规律安排学习

生活中，相信很多人都有养花草的经验，除了一些生命力特别强的花草外，一般的花草都需要按照它的生长规律精心呵护，细心培植料理才能保证它的健康成长。其实，我们的大脑对知识的摄取也如同花草的生长一样，是有一定的规律可言的。然而，很多人在无形中给自己施压，总是在不断地挑战高难度、高强度，以期达到更好的学习效果，结果却是越刺激越疲软；也有一些学生，觉得在自由状态下，也就是没有任何任务难度和压力刺激的状态下学习的效果最好，然而，这种学习方式有时也适得其反，与初衷相去甚远。这两种状态都是不了解大脑活动规律的表现，都不能达到良好的学习效果。那么大脑活动的规律到底是怎样的？我们来看看下面这位成绩优异的学生的学习心得：

每天晚上过了10点，妈妈都会准时来敲我的门，提醒我休息。我一般会偷偷地再延长半小时，这时妈妈就会强令我休息了。她认为，对一个孩子来说，首先身体好是最重要的，其次是人际关系好，最后才是学习好。

在高考前的一个月，我偷懒不上早自习了。我还会学几天放松一下，放松的方式很简单，就是睡觉、上网、看电视或书、杂志。我并不认为睡觉是浪费时间，这是合理地调整自己的心态和应考状态，只有状态保持住了，才能有好的发挥。

从上面这位学生的陈述中，我们可以发现，当我们的大脑疲倦时，就不应再给自己压力，即使你强迫自己继续学习，也很难有高效率。

那么，人的大脑活动究竟遵循着怎样的规律呢？

首先，我们要了解的是，兴奋和抑制是神经活动的两个基本过程。任何神经活动都是这两个对立过程的统一。兴奋过程表现为，使神经所支配的器官从安静状态变为活动状态，或使原有活动状态增强；抑制过程则表现为，该神经所支配的器官活动状态的减弱或终止。在一定范围内，条件刺激越强，它所引起的条件反射量越大；但是，当刺激强度和时间超过一定限度时，反应量不但不增加，反而减少。就是说，超过一定限度的刺激不再引起大脑的兴奋，反而会引起抑制，这就是超限抑制。超限抑制具有生物学保护意义，因为兴奋过程超过一定

○ 反惰性思维

限度如果不能转化为抑制，就会导致神经组织的损毁。

可见，抑制并不是不活动，而是一种特殊的活动，其特殊性表现在它能调节兴奋过程，减弱或压抑兴奋过程，使兴奋过程按照正常轨道运动。它是兴奋过程的调节者，与兴奋过程相互联系、相互作用。这两种神经过程的对立统一，是大脑皮层正常活动的基础；两者失去平衡，人就会出现病理现象。

在学习过程中，如果你的学习材料难度过大、学习时间过长，会使大脑皮层从兴奋转入抑制状态，产生疲劳感。因为学习活动既包括身体的活动，也包括精神的活动，因此，过量的学习活动既能引起生理的疲劳，又能引起心理的疲劳。生理的疲劳表现为肌肉失调、姿态不正、痉挛、无感觉、无能力等，极度的生理疲劳可使脑部受损、精神崩溃、心理活动遭受破坏或停止。心理的疲劳表现为怠倦、精神涣散、厌恶、反应迟钝、情绪不安、效率下降等。严重的也可能使工作完全不能进行下去。

因此，当学习感到疲倦时，就应该采取积极有效的休息措施，以恢复大脑功能。当然，这里的休息，是指真的休息。有些学生虽然停止了学习，但是并没有从学习的疲劳感中解脱出来，他们总是在担心单词没有背诵完、题目的答案没有解出来。换而言之，他们的疲劳不只是劳动强度带来的疲劳,还有心理压力给自己带来的疲劳。其实,关于如何休息,怎样才能让大脑高效休息,是大有门道的。它直接影响了你的学习效率和学习心态。应该找到适合自己的最高效的休息方式,除了"课间十分钟",一定还有很多更好的方式让自己科学休息,更好地学习。

○ 反惰性思维

找到自己的最佳学习时间，并充分地利用它

我们都知道，在不同的时间里，人的体力、情绪和精力状态是不一样的，也就是说，学习时间的质量是不一样的。科学家通过对学生一天学习时间效率变化的研究发现，中学生经过早自习40分钟和上午四节课的学习后，学习能力会明显下降，疲劳和疲倦率接近50%。所以，科学家建议中学生一天的学习时间最好不要超过7小时。

其实，不只是中学生，生活中致力于提升自己的每个人，都要找到自己的最佳学习时间，并充分地利用它。一位高考状元在谈到自己的学习经验时说，他的学习安排和别人有着巨大的差异，比如别人在早晨记忆，而他却在晚上背书，效果也同样很好。也许你会觉得这位同学的学习习惯很奇怪，但事实上，他所选择的学习方式与大脑活动规律是一致的。

那么，大脑活动的规律是什么呢？生理学家研究表明：一般情况下，早晨往往是记忆的黄金时间；6点钟是推理能力最佳之时；8点钟表现为具有严谨周密的思考能力；10～11

点（起床后的3~4小时）是一天中头脑最清醒的时候，人的思维能力、精力、体力等活动指标都达到高峰；下午1~2点钟，是脑力和体力都较低的时候；下午3~6点钟，脑力又趋于活跃；晚上8~9点钟是记忆力最好的时候，有人认为晚上8点是长时记忆最强的时候，晚上9点出现大脑活动的第二个高峰。

由于个体差异，我们可以建立自己的学习时间表。正如安东尼·罗宾所说："世界上没有两个人的生物钟是一样的。"每个人的最佳学习时间也存在一定的差异，所以，要掌握自己的"黄金时间"，进行合理的安排，以便提高学习效率。

一个人在一天的不同时期，大脑活动的效率是不同的，学习时间的最佳选择应该是一天中大脑最清醒的时候。那么，一天中的最佳学习时间是什么时候呢？

生理学家研究认为，一天之内有4个学习的高效期。如果你使用得当，就可以轻松自如地掌握、消化、巩固知识。

第一个学习高效期是清晨起床后。清晨6~7时，此时刚结束睡眠，大脑经过一夜的休息，消除了前一天的疲劳，脑神经处于活动状态，没有新的记忆干扰。此刻学习一些难记忆而必须记忆的东西较为适宜，例如，语言、定律、事件等的记忆和储存。有时即使强记不住，大声念上几遍，记熟的可能性也大于其他时候。这是第一个记忆高峰。

第二个学习高效期是上午8~10点。体内肾上腺激素等分泌旺盛，精力充沛，大脑具有严谨而周密的思考能力、认知能力和处理问题的能力，此刻是攻克难题的大好时机，应当把握战机，充分利用大脑兴奋来攻关。

第三个学习高效期是下午6~8点。这段时间是人脑记忆的又一个高峰期，在相当一部分人中，记忆效果要超过清晨6~7时。这是因为，大脑在长期进化过程中形成节奏性，使人在睡眠以前有一个超常的兴奋过程。不少人利用这段时间来回顾、复习全天学过的东西，加深印象，分门别类，归纳整理。这也是整理笔记的黄金时机。

入睡前一小时是学习与记忆的第四个高峰期。利用这段时间来加深印象，特别是对一些难以记忆的东西加以复习，则不易遗忘。刚进入睡眠1~2小时内，大脑一般不再接受新的信息，临睡前接收到的信息印象相对较深刻。不少事实证明，某些所谓"梦中的启示"的科学发现，大多是在这段时间内产生的，有人认为这段时间是"灵感思维"比较集中的时间。但是必须注意：用脑过度，身心疲惫的人，多半不会出现这种情况。

除以上一般性的学习时间规律外，不同的人还有自己独特的生理时钟。为了提高学习效率，我们要善于发现并充分利用自己独特的最佳时间段。同时，要养成在固定的时间进行学习的习惯。

首先，你要了解自己一天中学习效率的变化特点，根据自己的生物钟安排学习活动。其次，你要知道自己一周内学习效率的变化情况，根据一周内学习效率的变化安排学习活动。再次，你要知道自己完成一个任务通常需要多少时间，根据自己的工作曲线安排学习活动。此外，学习时，随着学习过程的推进，人的精神状态和注意力都会发生变化，一般说来，存在三种变化模式：先高后低，中间高两头低，先低后高。每个人要根据自己的模式，安排学习内容，确保在最佳学习状态时学习最重要的内容，只有这样，你才能在最短的时间内获得最高的学习效率。

第05章

犯懒时,这样做让你的身体迅速动起来

古希腊有句格言:"如果你想强壮,跑步吧!如果你想健美,跑步吧!如果你想聪明,跑步吧!"卢梭也曾经说过:"身体虚弱,它将永远不会培养有活力的灵魂和智慧。"我们都知道,科学的运动健身可以促进人体生长发育,提高人体机能水平、降低发病概率,使人延年益寿,但我们可能没有意识到,身体的锻炼还能让我们的心也得到修炼:缓解心理压力,保持心情舒畅。当然,我们的身体总有犯懒的时候,为此,我们必须掌握一些能让身体迅速行动起来的技能,并将身体锻炼当成一项长期从事的活动,坚持下去,相信我们能从锻炼中获得即时能量。

了解运动的好处，激发运动的动力

人们常说："生命在于运动"，运动是保持身体健康的重要因素。早在2400年前，医学之父希波克拉底就讲过："阳光、空气、水、和运动，这是生命和健康的源泉。"生命和健康，离不开阳光、空气、水分和运动。长期坚持适量的运动，可以使人青春常驻、精神焕发。然而，人们经常因为身体犯懒而不愿意运动。为此，要从根本上激发身体活力，首先要做好动机建设，我们只有认识到运动的益处，才能真正从根本上打败身体的懒惰。

现实生活中，我们每天都要面对工作、生活、学习等方方面面的压力，不良情绪常常不请自来，有的人甚至会产生一些心理问题，对此不少人选择求助于专业的心理人士。诚然，这是一种方法，而一直被我们忽略的是，运动也是排解压力的一种行之有效的好方法。

运动的好处是显而易见的。根据具体的益处，我们可以选择适合自己的运动方式：

○ 反惰性思维

1.缓解身体自然疼痛

如果你感到膝盖、肩膀、背部或脖子疼痛、僵硬时，休息并不是最好方法。美国斯坦福高级研究所的科学家表示，长期坚持有氧运动的成年人，与那些总是喜欢躺坐在沙发上的人相比，骨骼肌不适的概率低了25%。运动可以释放出内啡肽，它是身体疼痛舒缓剂，还可让肌腱不易被拉伤，缓解身体一些慢性症状，如关节炎。美国北卡罗来纳大学的研究证明：关节炎患者在经过6个月低强度的锻炼之后，疼痛感降低了25%，僵硬感降低了16%。

你可以这样做：每周两次练习瑜伽或太极，以增加身体柔韧性，并减少疼痛感。

2.降低感冒概率

适当的运动不仅能够加快你的新陈代谢，它还可以提升身体免疫力，帮助身体对抗感冒病毒和其他细菌的入侵。美国华盛顿大学的研究发现，每周进行5次时长45分钟的心肺锻炼的人，发生感冒的概率是那些每周进行一次拉伸锻炼的人的1/3。

你可以这样做：保持运动，但不要过度。如果经常剧烈运动，例如，跑步超过90分钟，反而会降低身体免疫力。

3.更健康的口腔

美国凯斯西储大学的医学教授认为,牙线和牙刷其实并不是靓丽笑容的唯一法宝,锻炼也可以给你更健康的口腔。在他们最新的研究中发现,成年人每周进行5次30分钟适度的运动,患上牙周炎的几率会降低42%,这种牙龈疾病会随着年龄的增长而发生得更为频繁。运动也能像阻止牙周炎一样抑制心脏病的发生——因为它能够降低血液中导致炎症发生的C反应蛋白的含量。

你可以这样做:除了保持适当的运动之外,最好每年进行两次牙齿清洗,如果牙科医生告诉你患上牙龈疾病的概率很高的话,那么还要增加洗牙的次数。

4.提升语言能力

仅在跑步机上跑步锻炼就可以让你更加聪明。德国门斯特大学的研究表明,如果进行两次3分钟快跑(中间可有两分钟间隔),学习新单词的速度会比没有进行这一锻炼的人快20%,因心脏快速跳动可增大血流量,向你的大脑输送更多的氧气。同时,还能激发大脑中控制事务处理、制订计划和记忆的区域更新。

你可以这样做:用跑步上下楼代替跑步机。

5.更快乐地工作

英国布里斯托尔大学的研究表明,积极的生活方式可以帮助你更好地完成每天的工作计划清单。他们发现,公司职员在进行完一套健身活动后,经过测试,他们的思维变得更为清晰、工作完成得更快,而且与同事之间的合作也更加顺畅、富有成效。同时,运动还可以避免生病耽误工作。

你可以这样做:参加健身课程,如果没有足够时间,可参加午间的瑜伽课程。

6.视力更清晰

对心脏有帮助的事物就会对视力有帮助。英国的眼科研究发现,积极运动的生活方式会令年龄增长带来视力衰退的概率减少70%!

你可以这样做:如果条件允许的话,每天步行6公里,全年戴上防紫外线太阳镜。

7.获得"即时"能量

据统计,有50%的人一周中至少有一天会感到疲惫。美国乔治亚州大学的研究者通过对70项不同研究分析得出:让身体动起来可以增加身体能量,减少疲劳感。

你可以这样做:每天散步20分钟,或者进行40分钟的某项特定的运动。

8.帮助深度睡眠

科学研究表明，每周4次、每次至少用1小时来散步或进行其他有氧运动的人，睡眠质量比那些不爱运动的人高50%。因为随着年龄的增长、压力的增大以及环境的变化，人的睡眠形式会发生改变，夜间你会越来越多地受到睡眠太"浅"的困扰，从而无法真正深入地睡眠，让身体得到充分休整。

你可以这样做：每天尽量坚持锻炼半小时。研究表明，对大多数人来说，夜晚少量和中度的运动并不会扰乱睡眠。

总之，运动对于现代人最大的好处就是，让我们身心更加健康。如果你发现某些运动非常适合你，那么这会使运动做起来更加有趣，如果你对某项运动非常期待，那么你也有可能会喜欢上这项运动。

○ 反惰性思维

别找借口了，你可以随时随地运动

有人说，现代人如一只忙碌的小蚂蚁，总是脚步匆匆，心事重重，因为我们每天都要为生活操劳，为工作忙碌，很多人的身体开始出现亚健康。当然，越来越多的人也认识到运动对于提升身体素质的重要性，然而，他们认为每天太忙了，哪有时间运动？其实，这不过是我们懒惰的借口，因为我们可以随时随地运动。

在美国人眼里，总统布什是他们运动以及锻炼身体的楷模。

布什因为公务繁忙，并没有太多业余时间进行户外锻炼，于是，他将该训练的项目放到了健身房中，进行坐姿推举、扩胸与扩背运动等力量型训练。

为了锻炼身体，布什还经常利用一切可以利用的时间跑步。曾经在访问墨西哥时，他就在空军1号会议室里的一台跑步机上跑了起来。可以说，布什是走到哪里就跑到哪里，他跑步的身影在美国许多地方出现过,在总统套房里,在戴维营的林间小道上,当然,还有位于白宫顶楼的健身房内。他个人跑步的最好成绩是6分钟45秒跑完1英里(约1.61千米)。

布什每周跑步4次至5次,举重至少2次。其中周四进行长跑,周日一般进行快跑训练,其他时间进行慢跑和器械练习。

也许你会说,我每天很忙,没有时间运动。那布什是怎么做到坚持运动的呢?所以,不要再给自己找借口了。如果你能坚持运动,那么,你不仅能减掉身上多余的脂肪,还能获得身心的放松。

实际上,亚健康正悄悄地威胁人们的生活,所以应该适当地站起来走一走,这样健康、工作都会上一个台阶。下面是几条简单实用的小妙招,让你轻松远离亚健康:

1.随时随地做运动

许多人在为自己身体状况担忧的同时,又抱怨自己平时太忙,没时间健身。对此,一些专家建议,如果你没有时间去健身房,或者投身大自然,那么,日常生活中也有一些随时随地健身的简易方法。那么,我们一起行动起来吧,办公室的紧张工作再也不是没有时间锻炼的借口了!

2.逛街

这是受很多女性欢迎的休闲方式,也是一种很好的有氧运动。当然,男性也可以,女性逛街少则一两个小时,多则三四个小时,这样不停地走动可以增加腿部力量,消耗体内大部分热量,达到健身效果。比起在健身房中的枯燥的器械训练,逛街让我们在不知不觉中锻炼了身体,还愉悦了心情,是一个两全其美的健身方法。

3.爬楼梯

长时间坐办公室不运动的人最担心体质下降,爬楼梯是简单可行的方法。对久坐的你来说,一天多次、每次花几分钟时间做爬楼梯运动,可增加脉搏跳动次数,增强心血管功能。此方法贵在坚持,每天都爬楼梯才会有好的效果。

4.办公室健身操

这也是一种不错的选择,端坐在椅子上,双脚着地收腹数十次,或者抬起双腿,尽量用双手将身体撑离椅子,再轻轻放下。这种一看就会的健身操可以让你在工作间隙轻松地健身。在各种健身的网站上,有很多可供参考的健身操,选择一种适合自己的方式,定能在办公室一隅找到一条通往健康和美丽的道路。

5.跳绳

说起跳绳,你可能会想起童年时几个小伙伴一起嬉戏的场景,这种最熟悉的童年娱乐方式,恰恰是最有效的健身方式之一。双腿并拢,轻轻起跳,两臂抡圆,手腕旋转……别看简单的一根跳绳,舞动起来却是全身运动。跳绳所需要的空间不大,技术无须太高,是我们活动身体的方便之选。

6.注意眼睛的保健

闭目养神或举目远眺,是闲暇时最简单、最便捷的保健眼睛的方式。如果长时间面对电脑,眼睛很容易疲劳,把眼睛闭上,稍稍地休息一下,让眼部肌肉放松,把那些烦恼的事情都抛在脑后,接着做做眼保健操,按摩眼睛周围的主要穴位,让眼睛得到适当的休息。这个方法同样需要坚持,对于眼部的保健要适时、按时,面对电脑一小时左右就要休息一下,这才是保持眼睛不干涩、不肿胀的最好方法。

因此,生活中的人们,动起来吧,即便你每天很忙碌,也要抽空"训练"自己的身体,让自己远离亚健康,在享受工作成就感的同时,也忘掉对身体健康的担忧,那么,现在就开始,站起来走一走吧!

○ 反惰性思维

减肥靠的是意志力

不难发现，我们的周围，肥胖者越来越多。为什么会有这样的现象呢？有关研究表明，不良的饮食习惯是造成肥胖的重要原因，其中，重要的原因之一就是饮食无节制、吃喝太多。除了一日三餐之外，大部分人还有吃零食的习惯，实际上，这些零食中都含有很高的热量和脂肪，更有人喜欢在睡前吃东西，然而这些糖分和营养不能及时消耗掉，容易积存在体内转化成脂肪，从而导致肥胖。

找到这一原因后，很多人开始尝试减肥，他们认为，只要节食就能取得一定的效果，而实际情况似乎并非如此。只有找到肥胖的内在原因，才能找到真正的解决方法。20世纪60年代，研究者针对肥胖者和体重正常者做了一个实验。

研究者提供了两种不同的花生，一种是带壳的，一种是不带壳的。体重正常的人吃的量并没有因花生的种类而发生改变，但对于那些肥胖的人，他们吃的去壳的花生远远多于带壳的花生。

可见，肥胖者从不带壳的花生那里收到的信号是："来吃啊。"并且，这一信号远比那些带壳的花生所发出的更强烈。

在这个实验中，研究者刚开始假设肥胖者体重超标的原因是：他们忽视了身体内部"已经吃饱了"的信号。这个解释表面上看实在是很合理，但后来研究者却意识到自己混淆了原因和结果。是的，肥胖者忽视内部线索，但是这并不是他们变胖的原因。

那他们肥胖的真实原因是什么呢？

真相是：他们很有可能节食，而节食的结果是他们开始依赖外部线索，而不是内部需要。节食者的基本习惯是：他们根据计划吃东西，一般来说，节食者很多时候是处于饥饿状态的。更准确地说，节食意味着学会不在饿的时候吃，最好学会忽视饥饿感。当然，在你严格遵循规则的时候，你的规则就能帮你好好控制体重，但一旦你违反一次规则，你的违反行为就很难停下来。正因为如此，即使你已经吃了两个汉堡，已经喝了一大杯奶昔，但你看到甜品时，还是有无法克制的欲望。

因此，如果你是个肥胖者，你希望能减肥，但节食对你来说并不是什么好主意。

我们的周围也不乏这样的事例：那些节食者并没有好好控制自己的体重，体重甚至还增加不少。也曾经有很多研究结

○ 反惰性思维

果显示：循环的节食会使人的血压和胆固醇上升，会抑制人体的免疫系统，还会增加心脏病、中风、糖尿病和其他疾病导致死亡的风险。

那么，人们为什么会产生节食能减肥的想法呢？

因为人们的思维是一刀切的，他们认为，节食措施不起作用主要原因是，人们简单地认为不吃高热量食品最有效。事实上，这种思维导致了很多问题。人们在思维上越是抑制的东西，越是对我们有诱惑力。

举个很简单的例子，如果你在家中放了一大杯冰激凌，然后告诉你的孩子不许吃，那么，结果可能会令你失望。事实上，很多肥胖的人无法抵制甜品的诱惑，也就是这个道理，不但没有戒掉甜食，反而吃得更多，这种反弹在很大程度上是心理因素导致的。你越是想避开某种食物，你的脑海里就越会充斥这种食物。

那么，可能你会产生疑问，难道就没有有效的减肥方法了吗？当然不是，合理和正确的饮食习惯便能帮助我们。

以健康的饮食方式减肥的第一步就是建立健康的饮食方式。不必挨饿，而是在保证必需营养的前提下尽量减少热量摄入，想尽一切办法"开源节流"。记住能量守恒定律，只要摄入能量低于身体的需要，就会动用身体里的储备能量，以达到减肥的效果。

不管你的意志力如何，如果你打算或者正在减肥，那么，最好不要长时间坐在甜品附近，也许你会自我暗示"不可以"，但有时会不自觉地将这种"不可以"变为"可以"。对任何减肥者来说，节食都是一件极为消耗意志力的活动，当他们的意志力变弱后，面对绝对的美食诱惑，为了让自己继续与诱惑抗衡，意志力会持续被损耗，而此时就需要补充能量，他们的身体迫切地希望摄入葡萄糖。这就是营养学上著名的"第22条军规"。因此，你需要回避甜品。或者，更好的办法是刚开始就避免节食。不要把意志力浪费在严格的节食上，这需要摄入足够的葡萄糖来保持意志力，把意志力用在更有希望的长期策略上更划算。

另外，减肥并不是要你戒掉高热量食物，而是要尽量少吃。比如，快餐中的炸薯条、炸鸡、可口可乐等，这类食品的热量高、胆固醇高，吃太多不仅容易发胖，令你前期的努力前功尽弃，还会影响你的健康。

因此，我们有必要采取正确的减肥方式。当然，最有效的方法是控制饮食加运动，不要总认为这一过程是痛苦的，而应该把它当成一次有趣的挑战。

另外，心理学家表示，在减肥这一问题上，最重要的是练就意志力,要让减肥者从根源上认识到肥胖的危害,并逐渐树立对减肥成功的信心,以及对瘦身后美好生活的向往。所以,如果你认为自己意志力不足,可以学习一些自我激励的技巧,也可以求助于心理咨询师,逐步让自己的体重达标。

训练出运动员般的心理素质，坚持体育锻炼

自古以来，一个人的心理素质优劣、心理健康与否，都事关他在未来人生路上是否能获得成功。在心理学上，心理素质属于意志品质的一个方面，它与意志品质的其他方面，如主动性、自制力、心理承受力等有一定的关系。一个人若心理素质较好，那么，他会把痛苦的感觉或某种情绪长时间地抑制住，不表现出来。心理素质好的人，跌倒了会再爬起来，这样，力量也在一次次的跌倒和爬起中不断增长。而这种心理素质，我们经常能在运动员身上看到。如果我们也能和运动员一样坚持身体锻炼，那么，不仅会提高我们的身体素质、放松自己的心情，还能训练自己的心理素质，对今后的人生道路也会有很大的影响。反过来，具备运动员般的心理素质，也能帮助我们克服身体上的惰性，防止因身体犯懒而不愿运动。

然而，我们经常看到的是，一些人会这样评价运动员："头脑简单、四肢发达"，这种说法完全是误解，很多优秀运动员智商很高。并且，在训练身体的过程中，他们更是练就了

反惰性思维

一般人所没有的毅力。因为运动可以促进神经系统的发育，运动技能的学习也可以提高大脑的认知，有助于大脑的全面发展。著名棒球运动员杰克·沃特曼正是一个心理素质好的运动员，他曾这样介绍过自己的经历：

当我退伍后，我加入了职业球队，但不久，就遭遇有生以来最大的打击，因为我被开除了。我的动作无力，因此球队的经理有意要我走人。他对我说："你这样慢吞吞的，哪像是在球场混了20多年的人。杰克，离开这里之后，无论你到哪里做任何事，若不提起精神来，你将永远不会有出路。"本来我的月薪是175美元，离开之后，我参加了亚特兰大球队，月薪减为25美元，薪水这么少，我做事当然没有热情，但我决心努力试一试。待了大约十天之后，一位名叫丁尼·密亭的老队员把我介绍到罗杰斯曼顿镇去。在罗杰斯曼顿镇的第一天，我的人生有了一个重大的转变。我想成为德克萨斯最具热情的球员，并且做到了。

我一上场，就好像全身带电一样。我强力地击出高球，接球手的双手都麻木了。记得有一次，我以强烈的气势冲入三垒，那位三垒手吓呆了，球漏接了，我就击垒成功了。当时气温高达100华氏度（约38摄氏度），我在球场上奔来跑去，极

第05章 犯懒时，这样做让你的身体迅速动起来

有可能因中暑而倒下去。

这种热情所带来的结果让我吃惊，我的球技出乎意料地好。同时，由于我的热情，其他的队员也都兴奋起来。另外，我没有中暑，在比赛中和比赛后，我感到自己从来没有如此健康过。第二天早晨我读报的时候异常兴奋。《德克萨斯时报》说："那位新加入的球员，无疑是一个霹雳球手，全队的其他人受到他的影响，都充满了活力，他们不但赢了，而且打出了本赛季最精彩的一场比赛。"由于对工作和事业的热情，我的月薪由25美元提高到185美元，多了7倍。在后来的2年里，我一直担任三垒手，薪水加到了当初的30倍之多。为什么呢？就是因为一股热情，没有别的原因。

古人云，哀莫大于心死。一个人如果心理素质差，接受不了任何打击，那么，他就无法燃烧继续前进的热情，最终失败。而杰克·沃特曼之所以能创造出一个个奇迹，就是因为他拥有一颗强大的心，即使被人打击，他依然充满热情。而他的这一心理素质，正是我们每个人应该学习的。

事实上，运动着实能增加我们的自信心。赢得比赛战胜了竞争对手，无疑会增加一个人对自己运动能力的信心。长期坚持体育锻炼，也是对自己运动能力的一种肯定。和别人

比，你能做到，和自己过去比，你还能做到。

通过体育锻炼，肯定自己的运动能力，这种肯定使人在面对其他挑战时，具有更强的自信心。

因此，如果我们能和运动员一样拥有运动的精神，那么，我们就能获得运动员般的心理素质。具体说来，我们需要做到：

1.坚持长期锻炼，持之以恒

人类的任何一项活动，最经不起的就是半途而废，如果你是"三天打鱼，两天晒网"的人，那么，你不仅不会获得身体素质和心理素质的提高，还会变得懒散。坚持锻炼是个培养自控力的过程，当你已经把运动当成一种生活习惯的时候，你会发现，面对生活中的很多琐事，你都能做到坦然接受了。

2.不断突破自己

著名撑杆跳运动员布勃卡有句名言："纪录就是用来打破的。"多么令人心潮澎湃啊！他不断打破自己创造的纪录，不断突破人们心目中运动的界限。因为陶醉于突破人体力的界限，他没有高处不胜寒的孤寂，他忘记了身体上的劳累与痛苦，才创造了一个又一个不可思议的纪录，突破了公认的体力极限。在挑战与突破极限的过程之中，他自然也就有了非凡的撑杆跳成绩，有了别人无法比拟的超高水平。

3.看到你的身体极限

你不是超人，不可能在辛苦工作一天后再进行高强度的长跑，因此，你最好给自己制订一个可行的、适度的锻炼计划，这个计划最好是循序渐进的。

另外，如果存在某方面的身体缺陷，也要加以考虑，比如，如果你曾经骨折，那么，你的运动量最好不要过大。

○ 反惰性思维

约朋友一起跑步锻炼，互相监督激发潜能

工作闲暇、周末居家时，如果和朋友约着见个面，你会安排什么活动呢？是吃饭、逛街，还是唱歌、喝酒？不！这些方式都过时了，现在的时尚是——约跑，即通过发出邀请，相约在指定时间沿着一定的路线一起跑步、一起锻炼。

现代社会中的都市青年，每天忙于工作、学习，忙于交际应酬，基本上没时间锻炼身体，工作状态越来越差，甚至连睡个好觉都成了奢侈的事，久而久之，身体出现了各种各样的亚健康状态，甚至危及生命健康。

的确，如今"亚健康"这个词早已出现在我们的生活里，很多人之所以会出现亚健康，不能否认是这样一个原因：他们对自己要求过高，承受着超出身体承受能力的工作和学习强度。亚健康是一种临界状态，处于亚健康状态的人，虽然没有明确的疾病，却出现了精神活力和适应能力的下降，如果这种状态不能得到及时的纠正，就非常容易引起身心疾病。而亚健康，正在引起着人们的重视。

面对这些问题，有人找到了一种简单的化解方法，那就是跑步。

研究证实，科学的运动健身能促进人体发育、加速身体代谢、提高人体机能水平，缓解心理压力，保持心情舒畅；降低心血管病、糖尿病等慢性病发生概率；延缓衰老过程，使人延年益寿。

近年来，有越来越多的跑步爱好者，且跑步者的整体年龄也越来越小，跑步已成为继羽毛球、自行车之后排名第3的热门健身项目。这一变化我们能从全国各地相继举行的马拉松赛事中看出。

喜欢跑步不难，但是坚持跑下来却也不容易，因为人是有惰性的，此时，"约跑"与"约跑族"应运而生了。与他人一起约跑，能起到相互监督、交流感情的目的，约跑的大多是同事、朋友或网友，大家通过微信群召集、网络发帖，或者熟人相邀的方式一起跑步、一起锻炼。约跑的路线基本固定，同时每个人也可以根据自己的体能情况任意选择返回点。

提到约跑，身为业务代表的刘女士说："我原来办了健身卡，一年的花费大概是三千多元，不过我只去了三次，

○ 反惰性思维

平时都忙于拜访客户、跟客户吃饭、喝茶，哪有时间去健身啊！"当她听说约跑这种方式后很是高兴，"现在，我在QQ客户群里找了几个喜欢跑步的，每天一起到附近公园跑几圈，可以在锻炼的同时跟客户聊天，还有助于解决事情呢，真不错。"刘女士说，她不仅在客户中发展跑友，还在其他QQ群中结识跑友，并通过这一方式获得了更多的人脉资源。

身为办公室白领的李先生说："约跑的一般是上班族，原来都爱睡懒觉，爱打游戏，加入约跑队伍后，在跑友的监督下，不仅坚持了下来，身体素质也越来越好。"

有网友在微博中感慨道：有一种社交，不是喝酒吃饭，不是吹牛聊天，像"约跑族"那样去社交吧，培养一种共同爱好，感情才能更长远。

跑步虽然有益于身体健康，但如果方式不当，也会造成身体上的损伤，尤其膝盖的伤痛几乎是困扰每个跑步者的问题。跑步时，如果主要靠腿发力，就容易导致膝盖疼。要避免膝盖受损，就需要在运动前热身，让关节充分拉伸，同时要注意运动时膝盖的方向和脚尖的方向要一致。另外，还可以利用护膝来减轻跑步给膝盖带来的负担，但最终还需要靠自身腿部肌肉的强大力量来保护膝盖。所以，进行适当的腿部肌肉锻炼，做做深蹲、腿举、腿弯举等动作很有必要。

　　总之，我们的本意都是为了强身健体、放松心情，如果过度，就会适得其反，让我们的身体受到损伤。

第06章

疲劳时，如此放松让你迅速满血复活

对忙碌的现代人来说，困扰他们的是三大问题：工作、生活和学习，但总结起来就是时间不够用的问题。为了获得更充裕的时间来工作、学习，人们争分夺秒，甚至不惜以牺牲健康和娱乐为代价，其实这是错误的认识，要知道，我们唯有身心健康且放松，才能从容不迫。那么，当我们疲劳时，该如何放松自己呢？本章我们将谈及这一问题。

累了，就好好睡一觉

我们都知道，现代社会，人们为了生活四处奔波，工作和生活的压力常常使我们喘不过气来。人们急切地希望寻找到一种能帮助自己减压的方法。于是，市场上各种付费方法就应运而生了。诸如，维生素药剂、各种放松疗法等，我们不能否定这些疗法的功效，但最好的养生方式是睡觉。

事实上，反惰性并不是要让我们永不停歇地工作和学习，而是应当做到及时放松。生活中的人们，当你感到身心俱疲时，多给自己一点时间睡觉，你就能快速恢复、获得力量。这是因为，在睡眠期间，人体各脏器会合成一种能量物质，以供活动时用；由于体温、心率、血压下降，部分内分泌减少，使基础代谢率降低，也能使体力得以恢复。

那么，人为什么要睡觉？睡觉是人体休息的一种方式，也是一种生理反应。每个人在忙碌了一天后，都希望能美美地睡上一觉。可以说，能一天不睡觉的人是极少的。白天，我们的大脑是兴奋的，但忙碌太久后，大脑内神经细胞就会产生抑制的作用，如果这种作用占优势的话，人也就想睡觉了。这一抑制作用是有意义的，是为了保护神经细胞和大脑，进而让我们第二天有精力继续工作。

可以说，当人们累了的时候，睡觉是最好的休息方式，能使大脑受益。

德国卢比克大学的专家们对此进行了一项研究，实验对象有106人，他们的受训任务是将一系列繁杂的数字通过等式转化为另外一种形式，而他们并不知道其中隐藏了一些计算诀窍，而在经过充足的睡眠后，参与者发现这种诀窍的概率从23%提高到了59%。也就是说，睡眠是非常重要的。

睡觉这么简单的事，在现代人看来，却成了"奢侈品"。有资料显示，目前我国睡眠障碍患者约有3亿，睡眠不良者竟多达5亿！美国国家睡眠基金会一项调查则指出，现代人的睡眠比生活在19世纪初的祖父母们要少2小时12分钟。

实际上，抵抗疾病的第一步就是高质量的睡眠，法国卫生经济管理研究中心的维尔日妮·戈代凯雷所作的一项调查表明，缺觉者平均每年在家休病假5.8天，而睡眠充足者仅有2.4天，前者给企业造成的损失约为后者的3倍。

德国《经济周刊》曾经报道，缺乏睡眠会扰乱人体的激素分泌。若长期睡眠不足4小时，人的抵抗力会下降，还会衰老加速、体重增加。而哪怕只是20分钟的小睡，也能让你像加满油的汽车一样动力十足。接下来，我们总结一下睡眠的好处：

1.睡眠有利于心脏健康

希腊有一项关于睡眠的研究，有两万多人参与，研究结果显示，一周内至少有三次30分钟午睡的人患心脏病的风险降低了37%。此外，疑难性高血压、糖尿病等，也都与睡眠密切相关。

2.睡眠可以减压

研究表明，睡眠可以降低体内压力激素的分泌。每当感到压力大的时候，即使打个小盹，也能让你迅速释放压力，提高工作效率。

3.睡得好，能让你更聪明

德国睡眠科学家在英国《自然》杂志上撰文指出，好的睡眠能增强创作灵感。这是因为经过睡眠后，人的脑细胞得到休息，大脑耗氧量开始减少。醒后人的大脑思路开阔，思维敏捷，记忆力增强。

4.睡眠是最便捷、省钱的美容方式

人睡着时，皮肤血管完全开放，血液充分到达皮肤，进行自身修复和细胞更新，起到延缓皮肤衰老的作用。睡眠不足还会导致肥胖，药物减肥远不如睡个好觉更有效。

5.适当"多睡"是治病良药

可能我们也发现，在医院里，医生都会经常嘱咐病人要多休息。中医更强调治病要养病，而睡眠就是最好的调养方式。

这一生理机制是：当人们生病时，身体会受到感染，而此时，会产生诱发睡眠的化合物——胞壁酸，它除了诱发睡眠外，还可增强抵抗力，促进免疫蛋白的产生，因此睡眠好的患者病情痊愈也快。举例来说，高血压患者每天要保证7~8小时的睡眠，老年人可适当减少至6~7小时；对心脑血管患者来说，中午小睡30~60分钟，可以减少脑出血发生的概率。

6.睡眠还能延长寿命

正常人在睡眠时分泌的生长激素是白天的5~7倍。美国一项针对100万人、长达6年的追踪调查表明，每天睡眠不足4小时的人死亡率高出正常人180%，而充足的睡眠有利于延长人的寿命。

总之，睡眠可以消除身体疲劳。在身体状态不佳时，美美地睡上一觉，体力和精力很快会得到恢复。

每天5分钟"绿色运动"为心理健康加分

现代社会,人们的生存压力越来越大,急需释放自己的心灵,缓解压力。对此,专业研究人员抽取了1252位研究对象以进行数据研究,涵盖了各种户外活动,包括园艺、散步、骑自行车、划船、钓鱼、骑马和农耕。研究者发现,从事短时间的"绿色运动"有助于精神和身体健康,而最好的效果在活动5分钟后就出现,之后效果降低,但仍有正向影响。

结果也显示,有水的环境中"绿色运动"的效果更好。也就是说,能带来最大帮助的环境是蓝色和绿色环境。英国艾塞克斯大学的研究者鼓励人们每天到户外走走,不仅可远离病痛,更有助于心理健康。

无论男女,从事"绿色运动"后,在"自我肯定"的表现上都有进步,改变最大的是精神疾病患者。

不得不说,如今越来越多的人涌入城市,飞速发展的城市更是标志着人类走向文明和成熟。但是,凡事都有两面性,在走进城市的同时,我们无疑远离了大自然。人们身处闹市，整日面对着高楼大厦，在闪烁的霓虹灯之下，我们已经遗忘了大自然的味道。猛然惊醒的时候，才发现自己更需要的是一轮满月的天空、一份清新纯净的空气、一汪清澈流淌的河水……绿是生命的颜色，代表着无限的希望，有植物的地方才更适合人类的生存。

试想一下，在空旷的原野，当你仰面躺在大地母亲的怀抱中，闭上眼睛，静静地感受阳光在自己身上的尽情流淌，你的心里是否异常温暖和宁静。心理学的研究证明，当有心理问题的人回到大自然中，会全身心融入自然，忘却烦恼，并可由此产生一种感悟，从而让压力烟消云散。

曾经有个男青年，他与相恋两年的女友分手了。男青年十分钟情于女友，分手之后的一段时间，他终日茶饭不思，夜不能寐，十分痛苦，身体也大不如前。爱恨交织之下，他居然萌生了报复她的念头。

男青年的朋友看在眼里，急在心上，生怕男青年出事。后来，他们想到一个方法，多带男青年出门走走。于是，朋友每周末带他走进大山大河，投入大自然的怀抱。他们寄情于山水之中，并用许多事实和道理开导他，让他学会忘却。山的博大胸襟，江的容纳气度，水的坚韧品质，朋友们清泉般穿透心田的良言，终于让他明白了许多。渐渐地，他从伤痛的沼泽地走了出来。

的确，当我们心理不平衡、有苦恼时，应到大自然中去。山区或海滨周围的空气中含有较多的负离子。负离子是人和动物生存必要的物质。空气中的负离子越多，人体的器官和组织得到的氧气就愈充足，新陈代谢就会更盛，神经—体液的调节功能增强，有利于促进机体的健康。身体越健康，心理就越容易平静。

一般来说，亲近自然的方式有很多，例如：

1.登山

登山，就是一个不断挑战的过程，当我们登上山顶、俯瞰脚下的土地时。看到的是另外一片风景，身心也会变得开阔起来。

除此之外，登山也是一种极好的有氧运动，无论是周末还是平时休闲时光，我们都可以约上三五好友，去大山里走走，去感受一下花鸟虫鱼所在的自然环境。

2.徒步

这也就是我们常说的远足，徒步和散步不同，更不是体育活动中的竞走，它指的是有目的地行走于城市或郊区、野外等环境下。

3.野营、露营

野营，相信我们很多人都有过这样的经历。这是一种锻炼野外生存技能的很好的方法，并且，在这种锻炼过程中，还能培养人与人之间的合作能力和情感关系，我们可以在闲暇时，带上帐篷，离开城市，到野外扎营，度过几个夜晚。露营通常和其他活动有联系，如徒步、钓鱼或者游泳等。

4.钓鱼

这个活动我们并不陌生，钓鱼的主要工具有钓杆、鱼饵。钓鱼的工具其实我们可以自己制作，并不麻烦，钓杆的材质可以是竹子，也可以是塑料，而鱼饵的种类也很多，可以是蚯蚓，也可以是米饭，甚至是可以苍蝇、蚊虫，现在也有专门制作好的鱼饵出售。鱼饵可以直接挂在丝线上，但有个鱼钩会更好，对不同的鱼有特殊的专制鱼钩。在周围水面撒一些豆糠会引来更多的鱼。

的确，大自然让人感到亲切。人类是在大自然当中生存发展的，本能地对自然界有种亲切感，而大自然的节律也有利于人类的发展。除了以上这些户外运动外，我们还可以掌握一些与大自然亲近的操作诀窍：

（1）既然离开城市，步入大自然，就全身心投入其中。

比如，到草地上躺躺，到大树下睡一觉，将脚放到流淌的清泉里，还可以钓鱼、赏花，尽情呼吸大自然的新鲜空气……

（2）有些野外活动，不适合自己一人进行，最好带上信任的亲朋好友。你可以一边游览美丽的风光，一边和身边的人聊聊心事。这样会收到意想不到的减压效果，可能会感觉自己跟换了一个人似的。

有条件的话，最好到真正的大自然当中，比如郊区。如不具备条件，可考虑到城市公园等人造的自然风光中去，当然效果会打些折扣。在走入大自然之前，可能还得考虑时间、金钱等问题，多数情况下，这一切都是值得的。

○ 反惰性思维

享受你的假期,别周末连轴转

对都市白领来说,最期待的时间大概就是周末了,并且,他们是双休制度,有两天的时间可以好好休息一下。

不过,我们真正看到的是,到了周末,上班族们还在为工作奋战,实际上,白领们周末加班、连轴转的现象实在不少,工作了5天之后还要继续工作,很多人都感到身心俱疲,实际上,疲劳状态下进行的工作是效率低下甚至是毫无效率的。并且,带着疲惫的状态进入新一周的工作,效率不可能高,长此以往就会陷入恶性循环之中。所以,效率专家从来不建议我们周末连轴转。

那么,具体来说,我们该怎样安排自己的双休日呢?

(1)生活上丰富多样化。单调是很多上班族对周末生活的评价,也有一些白领们害怕周末的到来,他们宁愿继续从事工作,之所以会产生这样的心理,也是因为没有合理安排周末时间。

乔娜是一家服装公司的行政总监,她平时工作很忙,总是应酬不完,精神总处在一种长期压抑中,工作的时候每天都盼望着周末到来。但一到周末,她就好像对应酬有恐惧似的,拒绝见任何人,把手机关机,然后蒙着被子倒头大睡,连着睡上两天两夜,睡得昏天黑地。一想到睡完就要上班,又要投入到紧张的工作中去,乔娜更郁闷了,久而久之竟然患上了抑郁症。

实际上,要充实自己的周末生活,方法有很多,比如打球、听音、看电影、读一些杂志、下棋等。

(2)适当安排时间进行周工作总结,安排下一周的工作,每天不少于2小时。

(3)晚上看电视、上网不要超过21:00再休息,要养成良好的作息习惯。当然,早上可以适当多睡会儿。

(4)多出去走走,别闷在家里。每星期用不少于半天时间走进大自然,观察身边的人和事,观察社会的变化。

(5)利用周末时间锻炼你的身体,远离亚健康。亚健康是白领们的"通病",如何缓解亚健康状态呢?体育锻炼能让人产生一种驾驭感、超越感。因此在体育活动后,人可以心情愉快、精神饱满地投入到工作和学习中。

○ 反惰性思维

我国著名的地质学家李四光在伯明翰大学学习期间，正值第一次世界大战爆发。以英、法、俄为一方的协约国和以德、意、奥为一方的同盟国，为重新瓜分世界，争夺殖民地，展开了生死大战。一时间，物价开始上涨，生活物资日益短缺，生活极度困难，许多留学生已无法忍受，纷纷离开英国。但李四光硬是凭着顽强的毅力和从小养成的坚忍精神，节衣缩食，克服了种种困难，把学习坚持了下来。他常常利用假期，跑到矿山做临时工，赚钱维持生活，继续完成学业。

在这样艰难的时刻，他乐观旷达，劳逸结合，偶尔在假日走进公园，看看名胜古迹，并利用业余时间学会了拉小提琴，这也成了他的终生的爱好。

的确，一个真正会学习的人不会打疲劳战，而是懂得通过身体锻炼来调节身心。不知你有没有这样的体验：当情绪低落时，参加一项自己喜欢又擅长的体育运动，可以很快地将不良情绪抛诸脑后。这是因为体育运动可以缓解心理焦虑和紧张程度，分散对不愉快事件的注意力，将人从不良情绪中解放出来。另外，疲劳和疾病往往是人们情绪不良的重要原因，适量的体育运动可以消除疲劳，减少或避免各种疾病。18世纪法国著名医生的话送给你："运动就其作用来说，可以代替任何药物,但世界上的一切药品都不能代替运动的作用。"

美国运动医学院的研究表明,正确的运动帮助保持健康活力和苗条体态的程度高达70%,更健康的心脏和更低的患癌风险是运动带来的最为显著的两大益处。

(6)来一次短时间的旅游。曾经有人说过,人的一生只要有两次冲动,一次是为奋不顾身的爱情,一次是为说走就走的旅行。的确,人的灵魂与身体,至少有一样要在路上,而旅行可以增长我们的知识,我们在增长见识的时候发现了某些更符合自己内心愿望的爱好,而且真的见过的比只在书上看过或者听人说过更有触动性。另外,一个爱好旅游的人往往心胸更广阔,更有解决问题的弹性。

现代人绝大部分时间都献给了家庭和事业,他们要么被困在办公楼里,要么被困在家里,不但生活单调无味,长此下去还会闷出病来。有了双休日,你不妨去"放飞"一下,走向自然,与大自然亲密接触。面对湖光山色、绿水青山,莺歌燕舞、蓝天白云的大自然,一定会心旷神怡、流连忘返。你会贪婪地大口大口呼吸清新的空气,会情不自禁地欢呼:"我爱你,大自然,太美了!"如果你有写作、画画、摄影的爱好,旅游会给你带来许多珍贵的灵感。

不过,周末出游应注意外出时的自我保护与调适,比如，不要把旅游行程安排得过满，以免使自己过于紧张；注意及时休息，补充体能等。

最后，你还可以多帮家人做家务，有空的时候去社区看看敬老院的孤寡老人，多给他们力所能及的帮助。

总之，双休日的实行给了我们更多的自主空间。如果能合理安排时间，就有利于我们的发展。要做到工作、娱乐相结合，学会自己安排学习生活，安排作息时间。只有养成合理的作息习惯，你的双休日才有收获。

合理安排，留出充裕的时间享受生活

中国的文化崇尚工作至上，在这样文化的影响下，很多人在工作中越来越拼，经常在办公室挑灯夜战，或者从来不出门旅游，这样拼命工作的人其实已经忽略了生活的美好，更何况工作得多并不意味着应该受到表彰或加薪。过度工作很有可能会降低自己的工作效率，消磨自己的创造力，甚至对你与家人和朋友的关系产生负面影响。

的确，用持之以恒的精神拼搏、奋斗是我们必须具备的一种品质，但并不意味着要一刻不停地奔波与忙碌。适可而止，会休息才会成长。只会向前猛冲，而不懂得减速缓行的人，在人生的某个弯道处，一定会冲出跑道，损失更多。

因此，身处职场的我们在工作之余，一定要懂得休息，只有劳逸结合，才能有更高的工作效率。事实上，我们看到不少人，为了工作而牺牲了健康和幸福，可谓得不偿失。

生活中，那些工作狂为什么那么拼命地工作呢？他们最主要的目的就是挣钱，而挣钱为了什么呢？难道仅仅是为了让

○ 反惰性思维

自己的生活更好一些吗？在物欲横流的今天，越来越多的人物质充足，但其精神却很贫瘠，心灵无法得到休息。这主要是因为他们模糊了一个概念，挣钱的意义在于享受生活，而不是折腾生活。

年轻时，我们总是想着等到老了以后，得到了许多物质的满足以后，再去好好享受，去环球旅行；当我们有了孩子的时候，总是惦记着让子女好好享受，至于自己到底需不需要享受，自己什么时候享受，却从不去认真考虑。所以，事实上，很多人不会享受。

享受生活归根结底是一种心境。享受的关键在于寻找快乐的人生，而快乐并不在于拥有多少、获得多少、生活质量如何，而是在于你怎样看待周围的人和事情，怎样让自己有一颗接纳一切快乐事物的心。

或者可以说，并不是每个人都想过一种生活。对我们大部分人而言，与其像别人一样成为一个不要命式的工作狂，还不如做回自己，静心地享受生活。

有个人特别羡慕别人骑马，非常渴望有一匹自己的马。在他看来，骑马是那么潇洒，那么威风，而用脚走路真是太麻烦，太没有意思了。

有人告诉他，如果想得到马，必须用双脚来换。那人听了之后，立刻毫不犹豫地献出了自己的双脚。他于是得到了一匹马。

骑上马真是太令人兴奋了。正如所想象的那样，马在草原奔驰，仿佛在天空中飞翔。这种感觉让他沉醉，他庆幸自己的选择。

但是，人不可能总生活在马上，骑了一阵子后，他开始有些疲倦，渐渐变得兴趣索然了。于是，他想下马，可是没有了脚，他站都站不稳，一切都需要人帮助，到这个时候，他才发现自己所面临的是一种什么样的困境。

这种交易很明显是愚蠢的。但我们生活的周围不乏这样的人，他们为了追求所谓的幸福，牺牲了更为有价值的东西，比如健康、亲情等。

一个人如果拼命工作到忘记了家人和朋友，尽管他的物质生活是富足的，但其精神世界却是一片贫瘠，他的内在心灵更是一片荒芜。因为他不懂得享受生活，自然感受不到来自生活的快乐。工作的功利性目的是挣钱，但这并不是其最终的目的，享受生活才是挣钱的最后目的。

享受生活是人生的特殊体验，在越来越喧嚣的尘世中，我们逐渐背离了享受生活的本质。在拼命工作的过程中，我们

反惰性思维

变得越来越提得起放不下，为享受而享受，把挣钱、占有当作是享受。这样一来，生活中感受到的是苦多乐少。

有激情有梦想是上天赐予自己的礼物，为自己热爱的事业而努力更不会是一种错误。但是，我们的休息也很重要，除去忙碌的工作以外，我们应该更多地享受生活，享受与家人朋友待在一起的感觉。这样我们才能收获更多来自心灵深处的快乐。

其实，享受生活是一种感知，我们在忙碌之余，要学会品味春华秋实、云卷云舒，一缕阳光、一江春水、一语问候、一叶秋意都是生活里醉人的点点滴滴。

工作中，我们适时调整自己也是必需的，一个真正会学习的人不会打疲劳战，懂得休息才有更充沛的精神。

很多人认为，忙碌的一天才是充实的一天，以至于他们经常把一天的日程安排得满满的，但一遇到突发事件，就手忙脚乱了，其实，你应该学会合理规划时间，留出一些时间处理突发情况；而即使没有出现这些突发时间，你也能给自己一个放松和休息的机会，或与父母、朋友联络一下感情、考虑一天工作中的得失等。

总之，日常工作中，我们只要合理安排时间，懂得调节自己，做到劳逸结合，大可以不慌不乱，甚至有一些充裕的时间享受生活。

第06章　疲劳时，如此放松让你迅速满血复活

30分钟的午休能获得即时能量

提到睡眠，我们自然会想到晚上8小时睡眠的重要性，但其实不止，那些高效学习和工作的人更有午睡的习惯。不得不说，一些人因为太忙而放弃午休，殊不知，午休是一种获得体力和精力的不可或缺的方式。

佛罗里达大学的一位睡眠研究专家说，午休其实是我们人类自我保护的一种方式。在久远的时代，人们午休可能是为了躲避室外炎炎烈日，后来逐渐演变成一种生活方式；那时候的人类聚集在温暖地带，而人们工作的地点主要是在户外，因此午休成为人们避免遭受热浪袭击的方式。

德国的研究者坎贝尔认为，睡眠周期是由大脑控制的，随着年龄的增长而发生某种变化；他同时发现，午休是自然睡眠周期的一个部分。

另外，在希腊，也有个研究，研究受众群体达23681人，调查结果显示，在一周之内午睡的人患心脏病的几率比那些不午睡的人低37%。此外，难治性高血压、糖尿病等，也都与睡

○ 反惰性思维

眠密切相关。

睡眠专家们研究发现，我们人体所需要的睡眠不只是在夜晚，白天也需要，且白天会出现三个睡眠高峰期，分别是上午9时、中午1时和下午5时，大概每4小时出现一次，也就是说，除了夜间睡眠外，我们也要在白天补充睡眠。但是我们白天的睡眠节律往往被繁忙的工作、学习和紧张的情绪所掩盖，或被酒茶之类具有神经兴奋作用的饮料所消除。所以，有些人白天并没有困乏之感。然而，一旦此类外界刺激减少，人体白天的睡眠节律就会显露出来，到了中午很自然地想休息。倘若外界的兴奋刺激完全消失，人们的睡眠值亦进一步降低，上下午的两个睡眠节律也会自然地显现出来。这便是人们为什么要午休的道理。

研究还表明，午休是保持清醒必不可少的条件。不少人，尤其是脑力劳动者都能体会到，午休后工作效率会大大提高。国外有资料证明，在一些有午休习惯的国家和地区，冠心病的发病率要比不午睡的国家低得多，这与午休能舒缓心血管系统，降低人体紧张度有关。所以，有人把午休比喻为最佳的"健康充电"，是有充分的道理的。

我们可以总结出以下几点午休为我们带来的好处：

1.消除疲劳

许多人都有午餐后疲倦的烦恼。对这一现象,学者们进行了研究,发现如果午餐后睡10分钟能消除困乏。英国学者就这一现象进行研究,发现每日午后小睡10分钟就可以消除困乏,其效果比夜间多睡两小时好得多。据此前的德国《星期日图片报》报道,在德国,越来越多的上班族有了午间在办公室休息的习惯。

2.预防冠心病

午睡不仅能提高工作效率还能预防冠心病。医学研究表明,每天坚持30分钟的午睡时间,能保持体内激素水平的平稳,使冠心病发病率减少30%。研究者认为,地中海各国冠心病发病率较低与午睡习惯是分不开的。而北欧、北美国家冠心病发病率高,其原因之一就是大部分人没有午睡习惯。

3.调节心情

免疫学专家说,午餐后为帮助消化,身体会自动改由副交感神经主导,这时睡个短觉,可以更有效刺激体内淋巴细胞,增强免疫细胞活性。美国哈佛大学心理学家写了一篇报道,刊载在《自然神经科学》期刊上,内容显示,午后打盹可改善心情,降低人体紧张度,缓解压力效果就像睡了一整夜。

那么,对于午睡,我们该注意些什么呢?

○ 反惰性思维

1.不要饭后即睡

刚吃了午饭,胃内充满了食物,消化机能处于运动状态,如这时午睡会影响胃肠道的消化,不利于食物的吸收,长期这样会引起胃病,同时,也影响午睡的质量。最好饭后半小时再入睡。

2.注意睡的姿势

医学研究表明,最好的睡觉姿势是右侧卧位,因为这一姿势能减轻心脏负担,加大肝脏血流量,有利于食物的消化代谢。但实际上,由于午睡与夜间睡眠不同,午睡时间短,用什么姿势睡觉不必太纠结,只要能迅速入睡即可。睡觉前可以松一松裤带,便于胃肠的蠕动,有助于消化。如果是趴坐在桌子上午睡的话,最好拿个软而有一定高度的东西垫在胳膊下,这样可以减小挤压,比较容易入睡。

3.根据自身情况午睡

国外科学家的研究认为,至少有几种人不宜午睡:65岁以上,体重超过标准体重20%的人;血压过低的人;血液循环系统有严重障碍的人;特别是由于脑血管变窄而经常头痛、头晕的人。因此,午睡一定要根据自己的情况科学地进行。

第06章　疲劳时，如此放松让你迅速满血复活

掌握随时随地放松自己的小技巧

生活中，我们总是能听到周围的同事或朋友抱怨说："好累啊！"。现代社会，谁不累呢？我想每个人感觉到的累，可能来自于不同的方面，工作的压力感、职业的倦怠感，甚至有些只是因为睡眠不足。但无论如何，长时间下来，他们疲惫不堪、精神紧张，却不知如何调节。据统计，有50%的人一周中至少有一天会感到疲惫。美国乔治亚州大学的研究者通过对70项不同研究分析得出结论：让身体动起来可以增加身体能量、减少疲累感。

只有轻松的身体和心情，才能产生工作的动力和热情，拖延症才不会缠上我们。因此，我们要学会放松自己、为自己减压。事实上，那些行动迅速、高效率的人从不打疲劳战，他们甚至还掌握了随时放松自己的方法，具体来说，有以下几种：

1.放松呼吸

紧闭双目，放松肌肉，默默地进行一呼一吸，以深呼吸

○ 反惰性思维

为主。

你可以选一个自己喜欢的"平静"的情景,长长地、慢慢地吸气。你可以将你的肺部想象成一个气球,你想尽量将这个气球充满。当你感到气球已经完全膨胀了起来,就表明已经气沉丹田,保留两秒钟,然后,轻轻地、慢慢地将气呼出。吸气持续四秒钟,呼气也持续四秒钟。你可以一边呼吸一边数秒。为了放慢速度,你数秒的方法可以做些改变,将"一秒"变成"一个千分之一"这样可以将速度基本上降到大约一秒钟一个数字。开始吸气时,你的脑子里便开始数:"一个千分之一,两个千分之一,三个千分之一,四个千分之一",你一定要将吸气坚持到数完"四个千分之一",然后以同样的方法呼气。

2.想象放松法

想象放松法是通过想象一些轻松、安宁、舒缓、愉悦的情境,来达到放松身心的目的,运用这种方法时,要尽量调动各种感觉器官,观其形、听其声、嗅其味、触其柔……恰如亲临其境。

比如,你可以想象一下,你正走在一望无际的大草原上;也可以想象在一个春天的傍晚,夕阳西下,余辉相映,你踩在柔软的草地上,你呼吸到了青草的香甜和泥土的芬芳,远处清风袭来，就像小时候妈妈温柔的抚摸；沐浴柔光，就像出远门时父母的谆谆叮咛；高天远山，令你心旷神怡……你此时舒展全身，慢慢地做深呼吸，感到无比轻松舒坦。这样就可以排除杂念，心平气和，达到放松的目的。

再如，你静静地俯在海滩（湖边的草滩）上，周围没有其他人，清风轻轻地吹着，你渐渐聆听到风吹过草地和你的耳旁，你感受到了阳光温暖的照射，触到了身下海滩上的沙子（湖边柔软的草儿），你全身感到无比的舒适，微风带来一丝丝海腥味（清新的味道），海涛在有节奏地唱着自己的歌（湖面上的水静悄悄地涌过来，时不时有鱼儿嬉水溅出的水花声），你静静地，静静地聆听这永恒的波涛声（这令人神往的梦里水乡）……

3.按摩

紧闭双眼，用手指尖用力按摩前额和后脖颈处，有规则地向同一方向旋转。不要漫无目的地揉搓。

4.松颈操

右手置于脑后，下巴轻轻地压向胸部。同时尽力将左肩和左臂向下沉。保持这一姿势10~30秒。然后慢慢地还原，左右手交换重复练习，方法同上。

○ 反惰性思维

5.打盹

在家中、办公室,甚至汽车上,一切场合都可借机打盹,只需10分钟,就会使你精神振奋。

事实上,即便是那些不在外工作的家庭主妇,也要懂得放松自己,并且,你有着得天独厚的优势,你的行动自由,可以想躺下就躺下,你想躺在地上也可以。只要你试过,你就会惊奇地发现,躺在地板上似乎比在松软的床垫上更能放松自己,因为地板给你的支持力比较大,对脊椎骨大有好处。

说到这里,接下来我要说一些在你的家里就能做的运动,你可以先尝试一个星期,相信会对你大有好处:

(1)只要你觉得自己累了,就放下手里的活,然后平躺在地板上,尽量把你的身体放直,假如你想转身的话就转身,每天做两次。

(2)闭上你的两只眼睛,就像约翰逊教授所建议的那样对自己说:"太阳当空照,蓝蓝的天,沉静的大自然,控制着这个世界,我是大自然的孩子,也能和整个大自然相融合。"

(3)假如你现在正在做饭,不能躺下休息的话,那就找一张椅子吧,最好是一张很硬的直背椅,然后将你双手平放在大腿上,完全像一个古埃及的坐像那样。

(4)现在,把你的10个脚趾头蜷起来,然后再放松它们，收紧你的腿部肌肉，然后也将它们放松；慢慢地往上，继续运动你各部分的肌肉，然后一直到你的顶部。接下来放松你的头部，把你的头想象成一个灵活的足球，慢慢地向四周转动，然后不断地告诉你的肌肉："放松……放松……"

（5）深呼吸，然后逐步平稳下来，你的神经也会随之稳定下来。就像印度的瑜伽术那样，有规律地呼吸是安抚神经的最好方法。

（6）想想那些已经逐渐爬到你脸上的皱纹吧，学会慢慢抚平它，放松你的额头，不要紧闭嘴巴。也许你以后再也不用去美容院了。

总之，在学习或工作中，我们要尽量保持轻松愉快的心情，当我们感到疲惫时，不妨采用以上几种方法来进行自我放松。

参考文献

[1] 加布里埃尔·厄廷根.反惰性[M].南京：江苏凤凰文艺出版社，2020.

[2] 塚本亮.反惰性[M].北京：机械工业出版社，2021.

[3] 少毅.反惰性思维[M].北京：北京联合出版公司，2018.

[4] 金南俊.懒惰：隐藏在圣洁生活中的敌人[M].兰州：甘肃人民美术出版社，2014.